问天神器

——航天器、火箭与导弹的奥秘

万志强　易　楠　章异嬴　等编著

化学工业出版社

·北京·

《问天神器——航天器、火箭与导弹的奥秘》详细介绍了火箭、导弹、宇宙飞船、航天飞机、空间探测器、人造卫星等的原理、结构、发射过程与成果。书中深入浅出地介绍了各类航天器的知识，可读性强，适宜青少年阅读参考。

图书在版编目（CIP）数据

问天神器：航天器、火箭与导弹的奥秘 / 万志强等编著 . —北京：化学工业出版社，2018.10（2024.11 重印）
ISBN 978-7-122-32837-3

Ⅰ.①问… Ⅱ.①万… Ⅲ.①航天器 - 普及读物
②火箭 - 普及读物③导弹 - 普及读物　Ⅳ.① V47-49
② V475.1-49③ E927-49

中国版本图书馆 CIP 数据核字（2018）第 187428 号

责任编辑：邢　涛　　　　　　　　　　文字编辑：陈　喆
责任校对：杜杏然　　　　　　　　　　装帧设计：韩　飞

出版发行：化学工业出版社（北京市东城区青年湖南街 13 号　邮政编码 100011）
印　　装：北京缤索印刷有限公司
710mm×1000mm　1/16　印张 12¾　字数 237 千字　　2024 年 11 月北京第 1 版第 6 次印刷

购书咨询：010-64518888　　售后服务：010-64518899
网　　址：http://www.cip.com.cn
凡购买本书，如有缺损质量问题，本社销售中心负责调换。

定　　价：59.80 元　　　　　　　　　　　　　　　版权所有　违者必究

前言

　　科学家齐奥尔科夫斯基先生，是现代宇宙航行学的奠基人，被称为航天之父，他有一句名言："地球是人类的摇篮，但人类不可能永远被束缚在摇篮里。"人类经过了百万年的进化，又发展了数千年的文明，在近100年里，终于慢慢将手伸出摇篮，去探索外面的世界。正是在这种探索精神的激励下，人类不断进步，勇敢地去探索美丽的宇宙。

　　早在远古时期，世界各地的人们就对浩瀚的宇宙充满了敬畏与崇拜，各个文明的神话故事中都有太阳、月亮等星体的形象，并将它们神化。古老的中国有"后羿射日""嫦娥奔月"的传说；西方文明中有太阳神和月神的神话故事。中国是火箭的故乡，明朝的万户曾把47个自制的火箭绑在椅子上，自己坐在上面，双手举着2只大风筝，然后叫人点火发射，设想利用火箭的推力和风筝的力量飞起，不料火箭爆炸，他也为此献出了生命。万户是世界上第一个利用火箭向太空搏击的英雄，他的努力虽然失败了，但他借助火箭推力升空的创想是世界首创，因此他被公认为"真正的航天始祖"。为了纪念他，科学家将月球上的一座环形山命名为"万户山"。

　　在这些努力的基础上，随着齐奥尔科夫斯基、戈达德等现代科学家建立关于航天的理论并进行实践，人类才真正开始进入现代航天时代。齐奥尔科夫斯基最先论证了利用火箭进行星际交通、制造人造地球卫星和近地轨道站的可能性，指出制造火箭和发展宇航的合理途径，找到了液体火箭发动机结构等一系列重要工程技术的解决方案。美国航天科学家戈达德是液体火箭的发明者，他于1926年3月16日发射了世界上第一枚液体火箭。1936年，德国开始研制"V-2"火箭，它是第一种超声速火箭，被公认为现代航天运载火箭和远程导弹的先驱。1957年10月4日，苏联在拜科努尔航天中心将人类第一颗人造地球卫星"斯普特尼克"1号发射升空。此后，人类发射了各种各样的航天器——火箭、导弹、卫星、空间探测器、宇宙飞船、航天飞机、空间站等。

人类凭借各种航天器，探索浩渺的宇宙，进行各种科学研究。人类发射的探测器已经飞出了太阳系，宇航员也登上了月球，火星车在火星表面行进试图寻找生命……这些科学研究帮助人类更全面地了解了宇宙，同时也更充分地认识了地球，认识了我们人类自己。

本书较为系统地向读者介绍了航天发展简史、航天器分类、航天器飞行原理，并较为详细地阐述了各类航天器的简要情况、典型代表、发展现状及未来方向。

笔者在参阅了大量资料的基础上，概括和编撰了航天的相关知识，力争做到深入浅出、图文并茂、通俗易懂，力求从多个角度呈献给读者多方面的航天知识，以期把读者带进真实而精彩的航天世界当中，激发读者的爱国热情和求知欲望。

本书由万志强、易楠、章异嬴等编写，刘耘臻、张啸迟、颜琪、宋倩、刘志斌、王泽溪、陈国宏、李旭阳、喻文、吕志斌、杨璐嘉等同学对本书的出版提供了宝贵的意见和帮助。北京航空航天大学"航空航天概论"课程教学组为本书出版提供了大力支持。在此对所有关心和帮助本书出版的人士表示衷心感谢。

本书是为广大航天爱好者编写的科普读物，适合中学生及以上的航天爱好者阅读；也可以作为中学科技课的教材。

由于作者水平所限，书中不足之处，敬请读者谅解和不吝指正。

万志强

2018 年 10 月

目录

第 4 章　导弹　/ 85

第1章
探索美丽的太空

人类对太空的崇拜与向往，从古代就开始了。人们崇拜太阳、月亮、星星，创造出各种神以及他们的神话故事。"夸父追日""嫦娥奔月"这些神话故事体现了古代中国人民对于太阳、月亮的向往，而希腊神话中太阳神阿波罗等则体现了古代西方文明对太阳等天体的崇拜。但凡古老的国家或民族，如埃及、印度、中国、希腊、阿拉伯等，都有属于自己的占星学。早在一千多年前的中国汉代，就有"五星出东方利中国"这样的预言。对于美丽太空的崇拜和向往开启了人类探索浩瀚太空的梦想和征程。

1.1　探索太空的壮举

在古代，由于当时技术水平的限制，向往终究只能是向往，人类都未能真正地实现飞天。例如：中国明朝初期，万户成为第一个想到利用火箭飞天的人，后被称为"世界航天第一人"（图1-1）。万户晚年时，他把47个自制的火箭绑在椅子上，自己坐在上面，双手举着2只大风筝，然后叫人点火发射。他设想利用火箭的推力和风筝的力量飞起，

⊕　图1-1　中国明朝的万户尝试飞天

不料火箭爆炸，万户也为此献出了生命。为纪念万户，国际天文学联合会将月球上的一座环形山以这位古代中国人的名字命名。

（1）液体火箭诞生

人类对太空真正意义上的探索和利用，始于液体火箭的发明。以液体推进剂为燃料的运载火箭是探索太空的最重要工具，人类对太空的探索离不开运载火箭的发展。

19 世纪末到 20 世纪初，涌现出许多富有探索精神的航天先驱者。有三位科学家的名字将被永远铭记，他们是：俄国的康斯坦丁·齐奥尔科夫斯基、美国的罗伯特·戈达德和德国的赫尔曼·奥伯特。

俄国的齐奥尔科夫斯基（图 1-2）首次阐述了利用多级火箭克服地球引力实现宇宙航行的构想，并提出了许多相关的理论，他的许多英明预见后来都变成了现实。

⤒ 图1-2　航天之父——齐奥尔科夫斯基（俄国）

美国的戈达德自 1920 年起潜心研究液体火箭，是美国最早的火箭发动机专家，被公认为液体火箭的创始人（图 1-3）。1926 年 3 月 16 日戈达德试飞了第一枚液体火箭，从此拉开了近现代人类探索太空的大幕。

⤒ 图1-3　美国液体火箭创始人戈达德和他研制的液体火箭

德国的奥伯特提出了空间火箭点火的理论和脱离地球引力的方法，主持设计了火箭发动机，开创了欧洲火箭研制的先河。德国的冯·布劳恩领导研制成功了"V-2"火箭（图 1-4），虽然"V-2"火箭在战争中的角色并不光彩，但它在技术上却使人类的飞天梦向前迈进了一大步，它是现代大型火箭的鼻祖，构筑了航天史上的重要里程碑。

第二次世界大战结束以后，苏联和美国都通过仿制"V-2"火箭建立了自己的火箭和导弹工业。一些有远见的政治家和科学家已经认识到，利用"V-2"火箭的技术成果，一方面可以发展洲际导弹，建立军事威慑力量；另一方面可以发射人造地球卫星，有效地开展空间科学研究。

↑ 图1-4　德国火箭先驱冯·布劳恩和他领导研制的"V-2"火箭

（2）人造卫星上天

　　苏联的卫星研制和发射一直在政府支持下秘密地进行着。1946年，苏联成立了火箭科学研究所，到1948年卫星运载工具的理论问题基本解决。1954年召开的地球物理学国际会议决定，1957年下半年到1958年底为国际地球物理年，建议有关国家在此期间发射人造地球卫星。从此，美苏两国都开始着手实施各自的卫星发射计划。

　　1957年10月4日，世界上第一颗人造地球卫星——"斯普特尼克"1号（图1-5）从苏联的领土上发射成功。这颗卫星正常工作了3个月，在此期间人们可以从广播中听到它从太空通过无线电信号发回来的声音。一个月后，苏联又宣称，载着一只小狗的第二颗人造地球卫星发射成功。

↑ 图1-5　人类第一颗人造地球卫星（苏联）

　　苏联的创举引起了美国朝野的哗然，为摆脱落后局面，美国决定采用陆军的"轨道器计划"迅速把卫星送上天，终于在1958年1月31日，用冯·布劳恩设计的"丘比特C"火箭把美国第一颗人造地球卫星"探险者"1号送进了太空。

　　继苏美之后，法国、日本、中国、英国、欧洲空间局（欧洲航天局）和印度都用自己研制的火箭，成功发射了各自的第一颗人造地球卫星。

　　早期的人造地球卫星主要具有一种象征意义，没有实用价值。20世纪60年代中期，各国开始重视开发具有经济和社会效益的应用卫星，人造地球卫星的发展也随之从探索试验阶段进入实用阶段。例如：通信卫星是人类最先使用的应用卫星，现在全世界有上千颗通信卫星在为我们的日常生活服务。另外对地观测卫星在气象预报、自然灾害预警等方面发挥了重要作用；导航卫星通过导航仪上的GPS装置等形式提供位置服务，已经进入了普通民众的生活。

（3）空间探测器探索宇宙

　　1958年起人类就开始了空间探测活动。空间探测从地球的邻居月球开始，发

展到太阳系的各个行星和卫星。早期进行空间探测的国家主要是苏联和美国。

从1958年开始的18年间，苏联和美国共向月球发射了81个探测器，其中成功了59个。苏联的探月过程为拍摄拍照、软着陆、钻孔取样、带回月球的土壤和岩石，并完成月球车在月球上的行驶。美国在对月球的探测中，先后执行了"徘徊者"（图1-6）、"勘探者"和"月球轨道环行器"计划，最后完成了"阿波罗"飞船载人登月的伟大创举。

① 图1-6 "徘徊者"号月球探测器（美国）

人类对太阳系各行星的探测始于20世纪60年代初。苏联的探测器主要有"金星"号、"火星"号和"探测器"号，"金星"号一共发射了16个，其中10个在金星软着陆；"火星"号发射了7个，其中3个绕火星飞行、4个飞越火星；"探测器"号共发射了8个，分别探测了金星、火星、月球和月地空间。美国的探测器比较多，主要有"先驱者"号、"水手"号、"海盗"号、"旅行者"号、"伽利略"号、"麦哲伦"号、"尤里西斯"号、"卡西尼-惠更斯"号、"朱诺"号、"新视野"号等，探测的范围也比苏联大，涉及水星、金星、火星、木星、土星、天王星、海王星、冥王星和太阳等，其中"先驱者"10号和11号于1986年6月飞过了冥王星的轨道，向太阳系外飞去。1996年开始，美国、俄罗斯和欧洲空间局又开始了对火星的新一轮探测。美国于1996年12月4日发射了"火星探路者"号探测器，它于1997年7月4日在火星的阿瑞斯谷地登陆，并用其携带的"索杰纳"火星车在火星上实地考察，获得很大成功。此后美国还发射了"机遇"号、"勇气"号、"凤凰"号（图1-7）和"好奇"号（图1-8）等火星探测器。

① 图1-7 "凤凰"号火星探测器（美国）

① 图1-8 "好奇"号火星探测器（美国）

（4）人类进入太空

载人航天一直以来都是人们最为关注的航空航天活动，因为它代表了人类的综合科技水平，也代表着一个国家的综合国力。人类成功实现载人航天飞行以来，载人航天技术的进步使大众一次次兴奋，但有时也有令人惋惜的失败。但不论成功与失败，这其中的惊天壮举都值得人们去感动和缅怀。

载人航天器包括载人飞船、航天飞机和空间站。载人飞船和航天飞机是实现载人航天的工具。空间站是航天员（又称宇航员）在太空轨道上生活和工作的基地。

苏联和美国开创了全世界载人航天活动的先河，这两个国家的载人航天活动是在相互竞争的基础上交替发展的。其他国家的载人航天活动则是后来逐渐开展的。苏联和美国通过发展载人飞船、试验性空间站、航天飞机和长期载人空间站，掌握了人在空间环境中生活和工作的技术，并利用宇宙空间的特殊环境进行了大量的科学研究和应用试验，取得了一些有价值的成果和经验，展示了载人航天的应用潜力。苏美的首次载人航天发射对人类的航天事业具有深远影响。随着我国综合国力的增强，我国也成为世界上第三个能够通过自主研制的飞船和空间站进行载人航天活动的国家。

1961 年 4 月 12 日，苏联航天员加加林乘坐世界上第一艘载人飞船——"东方" 1 号飞船（图 1-9、图 1-10），从拜科努尔航天发射场起飞，在绕地球一圈（在轨飞行 108 分钟）后，用降落伞在萨拉托夫附近降落，从此拉开了人类载人航天的序幕。为确保首次载人飞行的成功，苏联在 1960 ～ 1961 年间进行了 7 次 "卫星式飞船" 试验，它们实际上是不载人的 "东方" 号飞船。除首次飞行不载动物外，其余的飞行都载有狗和其他动物，以取得生命有机体在失重环境中的数据，为后来的载人飞行积累了非常宝贵的经验。到 1970 年，苏联完成了早期的载人环地球轨道飞行计划。共发射各种飞船 16 艘，把 25 名航天员送入地球轨道，还完成了太空行走（图 1-11）、飞船对接、航天员移乘等复杂动作。

⊕ 图 1-9 "东方" 1 号载人飞船（苏联）

⊕ 图 1-10 人类首次进入地球轨道飞行的宇航员加加林（苏联）

↑ 图1-11 人类首次进行太空行走的宇航员列昂诺夫（苏联）

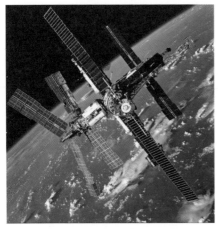

↑ 图1-12 "和平"号空间站（苏联）

苏联的载人航天的道路并不平坦，除了有成功之外，也有不少失败，包括导致航天员牺牲的惨痛失败。但这些失败也使得载人航天技术更加完善。

在载人飞船取得成功后，苏联在20世纪70年代适时调整了其载人活动重点，建造载人空间站成为其载人航天活动的首要目标。1971年4月，苏联发射了第一座空间站——"礼炮"号空间站。1986年2月，苏联发射了第三代空间站，即"和平"号空间站（图1-12），它是世界上第一个长期性、多功能的载人空间站；1999年8月28日起，俄罗斯接管的该空间站进入无人自动飞行状态；2001年3月23日，"和平"号空间站平安坠落在南太平洋预定海域。

加加林乘坐飞船上天后，美国实施了"水星"和"双子星座"载人飞行计划。1962年2月20日，美国宇航员约翰·格伦乘坐"水星"6号载人飞船从卡纳维拉尔角发射场起飞，成功实现了美国的首次载人航天飞行，在轨飞行3圈。为确保这次载人飞行的成功，美国在1960～1962年间进行了多次"水星"号飞船试验，均为无人或载有动物的飞行。1961年5月美国还进行了首次载人亚轨道飞行。这些努力，为美国载人飞船的成功飞行奠定了基础。到1966年，美国已经把24名航天员送上太空，也实现了太空行走和飞船对接。载人航天最激动人心的篇章是"阿波罗"登月：1969年7月16日，"阿波罗"11号飞船首次把两名航天员送上月球（图1-13）。6艘"阿波罗"飞船前后共载有12名航天员涉足月球表面。

↑ 图1-13 "阿波罗"11号登月飞船及三名航天员（美国）

美国在 1973 年 5 月发射了试验性空间站"天空实验室"，与此同时开始研制可重复使用的航天飞机，作为天地往返运输系统与空间站配套。1981 年 4 月 12 日，世界上第一架航天飞机"哥伦比亚"号试飞成功，随后美国又成功研制了"挑战者"号、"发现"号、"亚特兰蒂斯"号和"奋进"号航天飞机。图 1-14 为像飞机一样着陆的航天飞机。2011 年 7 月 22 日，随着

↑ 图 1-14　航天飞机着陆（美国）

"亚特兰蒂斯"号的最后一次航天飞行任务结束，美国仅剩的 3 架航天飞机全部正式退役，结束了航天飞机的时代。

美国航天飞机的发展取得了巨大的成就，但也历经磨难。1986 年 1 月 28 日，"挑战者"号发射升空不久即爆炸，7 名宇航员全部罹难，这次悲剧致使航天飞机暂停飞行 32 个月。2003 年 2 月 1 日，载有 7 名宇航员的"哥伦比亚"号航天飞机结束任务返回地球，在着陆前发生意外，航天飞机解体坠毁，机上宇航员全部罹难。

↑ 图 1-15　美国"阿波罗"18 号飞船与苏联"联盟"19 号飞船在地球轨道上对接

美苏两国在载人航天领域的发展是在冷战中你追我赶不断发展的，促进了载人航天技术的快速发展，但两国也付出了巨大的代价。为了结束冷战中的这种对峙，1975 年 7 月美国的"阿波罗"18 号飞船与苏联"联盟"19 号飞船在地球轨道上对接（图 1-15），开创了国际太空飞行合作的先河。冷战结束后，美国和俄罗斯从各自的利益出发，同意在空间技术上合作，联合多个国家建立新型空间站，这就是后来的国际空间站（图 1-16）。

↑ 图 1-16　国际空间站

1.2　飞行器的分类

人类利用器械在大气层内和大气层外的飞行活动，统称为航空航天活动。航空是指载人或不载人的飞行器在地球大气层内的航行活动。航天是指载人或

不载人的飞行器在大气层外空间（太空）的航行活动，又称空间飞行或宇宙航行。在地球大气层内、大气层外空间飞行的器械统称为飞行器。

按照飞行器的飞行环境和工作方式的不同，可以把飞行器分为三类：航空器，航天器，火箭和导弹。航空器是指在大气中飞行的飞行器。航天器是指主要在地球大气层以外的宇宙空间，基本上按照天体力学规律运动的各类飞行器，又称空间飞行器。火箭与导弹是一类特殊的飞行器，它们均可在大气层内和大气层外飞行，但都只能使用一次。

随着航空航天科学技术的发展，有时候也很难界定航空器和航天器，两者在相互渗透和借鉴。比如近年来出现的临近空间飞行器，其飞行高度在 25 ~ 100 千米，它的飞行既有航天器轨道飞行的特点，同时又受到空气动力的影响。

1.2.1 航空器

任何航空器要升到空中，都必须产生一个能克服自身重力的向上的力，这个力叫作升力。另外，航空器在空中的飞行还必须具备动力装置产生推力或拉力来克服前进的阻力。根据产生升力的基本原理不同，航空器分为轻于（或等于）同体积空气的航空器和重于同体积空气的航空器两大类。前者靠空气的静浮力升空，又称浮空器；后者靠与空气相对运动产生升力升空。按照不同的构造特点，航空器还可进一步细分，如图 1-17 所示。关于各类航空器的特点，这里不做详细介绍。

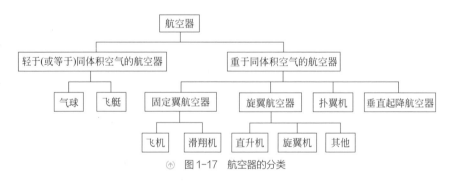

⊕ 图 1-17　航空器的分类

1.2.2 航天器

与自然天体不同的是，航天器可以在人的控制下改变其运行轨道或回收。航天器为了完成航天任务，还必须有发射场、运载器、航天测控和数据采集系统、用户台站以及回收设施的配合。航天器可分为人造地球卫星、空间探测器、宇宙飞船、空间站、航天飞机（图 1-18）。

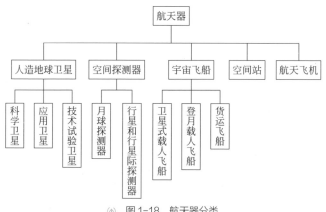

图1-18 航天器分类

（1）人造地球卫星

人造地球卫星是指环绕地球在空间轨道上运行（至少一周）的无人航天器，其基本按照天体力学规律绕地球运动，是发射数量最多、用途最广、发展最快的航天器。1957年10月4日，苏联发射了人类首颗人造地球卫星"斯普特尼克"1号（重80多千克），揭开了人类向太空进军的序幕，大大激发了世界各国研制和发射卫星的热情。自1957年以来，人类发射了8000多个航天器，其中90%以上是人造卫星。

按照用途不同，人造地球卫星可分为科学卫星、应用卫星和技术试验卫星。科学卫星用于科学探测和研究，主要包括空间物理探测卫星和天文卫星等。应用卫星是直接为国民经济、军事和文化教育服务的人造地球卫星，主要有通信及广播卫星、气象卫星、测地卫星、地球资源卫星、导航卫星和侦察卫星等，还有专门用于军事用途的截击卫星，部分卫星还具有多种功能。技术试验卫星是对航天领域中的各种新原理、新技术、新系统、新设备以及新材料等进行在轨试验的卫星。多数情况下，科学卫星也兼有技术试验功能，如我国的"实践"二号甲卫星就是一颗空间物理探测兼新技术试验卫星，见图1-19。

图1-19 "实践"二号甲卫星（中国）

（2）空间探测器

空间探测器又称深空探测器或宇宙探测器，是一种对月球和月球以外的天体和空间进行探测的无人航天器，也是人类探测宇宙空间的主要工具。探测器的基本构造与一般人造地球卫星差不多，不同的是探测器携带有用于观测天体的各种先进观测仪器。

空间探测器的主要目的是：了解太阳的起源、演变和现状；通过对太阳系内各主要行星的比较，进一步认识地球环境的形成和演变；了解太阳系的变化历史以及探索生命的起源和演变。专门用于对月球进行探测的叫作月球探测器，其他的统称为行星和行星际探测器。

月球是人类进行空间探测的首选目标，世界上多个国家向月球发射了探测器，并进行了月球实地考察。1959年1月苏联发射了第一个月球探测器——"月球"1号，此后美国发射了"徘徊者"号探测器、月球轨道环行器、"勘测者"号探测器。

20世纪60年代以后，美国和苏联先后发射了100多颗行星和行星际探测器，分别探测了水星、金星、火星、木星、土星、天王星、海王星、冥王星以及行星际空间和彗星等。截至目前，在空间探测器领域美国仍处在领先地位，如美国是唯一对火星进行成功探测的国家，多次成功发射探测器对火星进行探测（图1-7、图1-8）；同时，欧洲、中国、日本、印度等国家和地区也开展了自己的空间探测计划。

（3）宇宙飞船

宇宙飞船是一种运送航天员、货物到达太空并安全返回的航天器，分为载人飞船和货运飞船。

载人飞船是人类在太空进行各种探测、试验、研究、军事和生产活动所乘坐的航天器，与无人航天器的主要不同是载人航天器具有生命保障系统，能保障宇航员在外层空间执行航天任务并返回地面，是一种一次性使用的返回型载人航天器。

载人飞船是最早出现也是使用最多的载人航天器。按照运行方式的不同，载人飞船分为卫星式载人飞船（图1-20）和登月载人飞船（图1-21）两类，前者用于载人绕低地球轨道飞行，后者用于载运登月航天员。

⊕ 图1-20 卫星式载人飞船——"联盟"号（苏联）　⊕ 图1-21 登月载人飞船——"阿波罗"号（美国）

货运飞船（图1-22）可以往返于天地之间，向空间站定期补给食品、货物、燃料和仪器设备等，是空间站补给物资的重要运输工具，也是空间站的地面后勤保障系统。

宇宙飞船可以独立进行航天活动，也可作为往返于地面和空间站之间的"载体"，还能与空间站或其他航天器对接后进行联合飞行。目前只有美国、俄罗斯、中国掌握了制造、发射、回收宇宙飞船的技术。

世界上第一艘载人飞船是苏联的"东方"1号宇宙飞船，后续还发射了"东方"号、"上升"号、"联盟"号、"进步"号等系列的载人及货运飞船。美国的第一艘载人飞船是"水星"号，共进行6次载人飞行试验，后续还发

⊕ 图1-22 货运飞船——"天舟"号（中国）

射了"双子星座"号系列载人飞船，随后还发射了"阿波罗"号系列载人飞船，专门用于实施载人登月计划。"阿波罗"11号首次实现了载人登月的梦想，在整个"阿波罗"计划中，共有6次登月成功，12名宇航员登上月球。

中国载人航天工程正式起步于1992年，中国的第一艘试验飞船"神舟"一号于1999年成功发射。截止到2017年，中国已经成功发射"神舟"一号到"神舟"十一号："神舟"五号搭载中国首位宇航员杨利伟前往太空；"神舟"七号搭载3名宇航员进入太空，翟志刚完成首次出舱行走；"神舟"九号首次实现与"天宫"一号的空间交会对接。

（4）空间站

空间站是航天员在环绕地球的太空轨道上生活和工作的基地，又称轨道站或航天站。

空间站与一般航天器相比，有效容积大，可装载比较复杂的仪器，可以长期载人；许多仪器可由人直接操作，避免机械动作带来的误差；可以完成比较复杂、非重复性的工作任务及复杂试验。

1971年4月19日，苏联发射了第一座空间站"礼炮"1号，从此载人太空飞行进入一个新的阶段。"礼炮"1号空间站在太空运行6个月，完成使命后在太平洋上空坠毁。苏联共计发射了7座"礼炮"号空间站（图1-23），其中"礼炮"6号在轨5年，"礼炮"7号在轨2年，接待了大量航天员，开展了大量空间试验及研究。

⊕ 图1-23 "礼炮"号空间站（苏联）

苏联于1986年发射第三代空间站——"和平"号，重达135吨，长达87米，在轨15年间，累计接待12个国家135名宇航员，开展了天文观测、生命科学、材料工艺等领域的16500次空间科学试验和研究，原本设计寿命仅有5年，却超期服役10年，于2001年在人工控制下坠入太平洋。

国际空间站以美国、俄罗斯为首，包括加拿大、日本、巴西、欧洲空间局等共16个国家和地区参与研制，于1993完成设计开始实施。其设计寿命为10～15年，总质量约 423 吨、长 108 米、宽 88 米，运行轨道高度为 397 千米，载人舱内大气压与地面相同。

中国空间站的发展计划分为空间实验室和空间站两个阶段：2016 年前，研制并发射空间实验室，突破和掌握航天员中期驻留等空间站关键技术，开展一定规模的空间应用；2020 年前后，研制并发射核心舱和实验舱，在轨组装成载人空间站，突破和掌握近地空间站组合体的建造和运营技术、近地空间长期载人飞行技术，并开展较大规模的空间应用研究。

（5）航天飞机

航天飞机是一种有翼航天器，借助外挂助推器可以垂直起飞，在完成任务后，可以直接降低轨道高度，突破大气层，并水平降落在跑道上。因此航天飞机能在轨道上运行，且可以往返于地球表面和近地轨道之间，是一种可部分重复使用的航天器（图 1-24）。

20 世纪七八十年代，美国、苏联、法国、日本等国相继开始研制航天飞机，但实际上只有美国和

点火发射

在轨运行

⤒ 图 1-24 航天飞机（美国）

苏联成功发射过，并且只有美国掌握了载人航天飞机的技术。苏联解体后，相关的设备由哈萨克斯坦接收，但由于经费不足致使太空计划陷入停顿，之后全世界只剩美国的航天飞机可以实际使用并执行任务。可惜的是，美国仅剩的三架航天飞机"发现"号、"亚特兰蒂斯"号和"奋进"号也由于高昂的使用费用以及较高的故障率，已经在 2011 年 7 月 22 日正式退役，"亚特兰蒂斯"号的最后一次航天飞行任务宣告航天飞机的时代结束了。

1.2.3　火箭与导弹

火箭和导弹是一类特殊的飞行器，均可以在大气层内和大气层外飞行，但它们都只能使用一次，通常把它们归为一类。

（1）火箭

火箭是靠火箭发动机喷射工作介质产生的反作用力向前推进的飞行器（图1-25）。它自身携带全部推进剂，不依赖外界工质产生推力，可以在稠密大气层内飞行，也可以在稠密大气层外飞行。火箭是实现航天飞行的运载工具，目前所有的航天器离开地球都要依靠火箭。

⊕ 图1-25　火箭

1903年，俄国的齐奥尔科夫斯基提出了制造大型液体火箭的设想和设计原理。1926年3月16日，美国的火箭专家、物理学家戈达德试飞了第一枚液体火箭。1944年，德国首次将"V-2"导弹用于战争。运载火箭用于将卫星等航天器运载进入太空，是第二次世界大战后在导弹的基础上发展起来的。1957年苏联首次利用运载火箭发射第一颗人造卫星，苏联"东方"号系列也就成为世界上第一个航天运载火箭系列。

1970年4月24日，中国在酒泉卫星发射场，使用自制的"长征"一号运载火箭，将173千克重的中国第一颗人造卫星——"东方红"一号送入倾角68.5°、近地点439千米、远地点2384千米的椭圆形轨道。中国成为继美、苏、法、日之后，第5个能独立发射卫星的国家。

在近几十年里，各国的运载火箭都在迅速发展，推力越来越大，有效载荷越来越重，控制越来越精确，所用的推进剂越来越安全。由于火箭是目前人类进入太空的唯一手段，而且火箭和导弹的技术相通，因此火箭技术的发展一直被各国十分重视。

（2）导弹

导弹是"导向性飞弹"的简称，是一种依靠制导系统来控制飞行轨迹、可以攻击指定目标甚至追踪目标动向的无人驾驶武器（图1-26）。其任务是将战斗部在攻击目标附近引爆并毁伤目标，或在没有战斗部的情况下依靠自身动力系统直接撞击目标，以达到毁伤效果。简而言之，导弹是依靠自身动力装置推进，由制导系统导引、控制其飞行路线，并导向目标的武器。

⊕ 图1-26　导弹

导弹与火箭的发展是密切相关的，导弹可以依靠自身动力装置推进，由制导系统导向目标，若发射场距离攻击目标遥远，如中远程导弹、洲际导弹等的发射，则无论是车载发射还是基井发射，都必须借助大推力的运载火箭才能够追踪并攻击目标。

1.3　航天发射场

　　航天器的发射离不开发射场，航天发射场是用于发射航天运载器的特定区域，航天器在这里搭载航天运输器进入太空。

　　航天发射场配备有装配、储存、检测航天器与航天运载器的整套设施和设备，能够测试飞行轨道、发送控制指令、接收和处理遥测信息，可以完成航天器、航天运载器、有效载荷，甚至是航天员系统的测试、组装和发射的全部工作，是航天系统的重要组成部分。

　　目前，俄罗斯共有 4 个航天发射场，其中拜科努尔航天发射场和普列谢茨克航天发射场可以用于载人航天发射。美国是世界上航天发射活动最多的国家，其航天发射场共有 6 个，其中卡纳维拉尔角发射场和范登堡空军基地用于载人发射。欧洲空间局的法属圭亚那发射场位于南美洲北部大西洋海岸，靠近赤道，是个理想的赤道轨道和极轨道发射的场区，著名的"阿丽亚娜"系列火箭就在这里发射。迄今为止，中国共建立了 4 个航天发射基地，分别是酒泉卫星发射中心、太原卫星发射中心、西昌卫星发射中心和海南航天发射场。

1.4　应永远铭记的航天英雄

　　为了人类自古以来的飞天梦，近一个世纪以来世界各国进行了大量的航天活动。参与这些活动的，有科学家、工程师，也有普通的工人。然而最需要被铭记的是这样一些人，他们经过层层选拔，完成各项训练，通过各种测试，最终获得了代表人类去探索浩渺宇宙的机会。然而这个机会却伴随着巨大的困难和风险，很多情况下这些困难需要他们独自面对。他们中有些人成功了，推动了历史的车轮，在人类航天史上留下了浓墨重彩的一笔；有些人却失败了，甚至付出了生命的代价，他们的悲壮勇敢令人缅怀。他们就是航天员。

　　本书中，我们无法介绍每一位航天员，我们只能介绍部分最应当被铭记的航天英雄，讲述发生在他们身上的故事。

1.4.1　首入太空

　　苏联宇航员尤里·加加林是人类第一位进入地球轨道进行航天飞行的宇航员。1961 年 4 月 12 日，加加林乘坐"东方"号宇宙飞船进入地球轨道。这条爆炸性新闻令苏联举国沸腾，并在很短的时间内传遍了全世界，给以美国为首的西方国家造成了巨大压力。

这次飞行是如何完成的？任务的背后又发生了什么？由于当时处于冷战时期，很多信息并未公开，公众在很久以后才知道相关细节。

"东方"号是苏联第一代宇宙飞船。早在 1958 年 5 月，苏联杰出的航天专家谢尔盖·科罗廖夫就带领设计团队完成了"东方"号飞船的总体设计任务（图 1-27），1958 年底就造出了第一艘无人样船，并开始进行各种秘密实验。然而这些实验进行得非常困难并充满危险，7 次中只有 3 次成功，其间拜科努尔发射场还发生了一起火箭在发射台上大爆炸的严重事故，炸死了包括战略火箭军司令涅杰林元帅在内的数十名军队将领和科学家。

⊕ 图1-27　谢尔盖·科罗廖夫和他领导设计的"东方"号飞船（苏联）

虽然困难重重，但为了继续在冷战中领先美国，"东方"号计划仍艰难地进行着。1961 年 4 月初，苏共中央批准了"东方"号实施载人飞行的报告。1961 年 4 月 12 日莫斯科时间 9 点 07 分，"东方"号火箭托举着"东方"号飞船在拜科努尔发射场升空。地面控制室里清晰地传来了航天员加加林激动的声音："我去了！"

加加林在最大高度为 301 千米的轨道上绕地球一周，历时 1 小时 48 分钟，于当天上午 10 时 55 分安全返回，降落在萨拉托夫州的斯梅洛夫卡村地区，完成了世界上首次载人轨道飞行，实现了人类进入太空绕地球轨道飞行的愿望（图 1-28）。

⊕ 图1-28　宇航员加加林（苏联）

加加林的太空首航其实并不像新闻稿中所说的那样顺利，其过程可谓一波三折、惊心动魄。"东方"1号飞船绕地球飞行，按照事先约定，航天员将最扼要地向地面报告重要情况。如"5"代表情况良好，一切正常；同样"3""2""1"也有各自代表的含义，其中"3"表示情况紧急。加加林刚刚升空时地面系统接收到一串令人高兴的"5"。然而好景不长，一连串"3"跳了出来，让地面的所有人都十分紧张，就在他们即将终止飞行的时候，"5"又重新出现，飞行才得以继续。几分钟后原因搞清了：一个地面站接线混乱，导致信号误报。

加加林在太空中也遇到了失重情况，同样让地面人员捏了一把汗，不过还好，失重并未对航天员产生副作用。然而接下来的险情，差点使加加林的壮举成为悲剧。当飞船返回时，按预定程序，返回舱应当与设备舱在10秒内分离，可是分离系统出现故障，两舱怎么也分不开，制动火箭推力使飞船团团打转，加加林在翻滚的座舱内头晕目眩地受了10分钟煎熬，巨大的过载使他两眼开始发黑，差点晕眩致死。万幸的是，再入大气层的高热烧断了两舱连接件，这才化险为夷。然而高温同时也令所有人又一次紧张起来，飞船返回时以极大的速度进入大气层，返回舱周围空气温度高达2000℃，飞船被熊熊大火包围。加加林在舷窗里先是看到一条火舌从舷窗划过，接着看到飞船被团团火焰包围，不由得担心整个飞船会被烧化。

经过三番五次的磨难，加加林才终于成功降落，书写了历史。苏美的第一次太空竞赛以美国失败告终。在1961年4月到1963年6月间，苏联一共发射了6艘"东方"号飞船。1963年6月16日升空的"东方"6号，把世界上第一名女航天员瓦莲京娜·捷列什科娃送入太空，并与早升空2天的"东方"5号实现了编队飞行。

在苏联紧锣密鼓地实施"东方"号计划时，美国的"水星"载人航天计划也在冯·布劳恩的主持下紧张进行着。在载人问题上，美国本来有可能险胜苏联。他们原计划1960年10月进行首次载人飞行，但许多计划外的准备工作将任务推迟至1961年3月，后来又改到5月。1961年5月5日，美国发射了"水星-红石"3号飞船，把航天员阿兰·谢帕德送到186千米的高空，做了一次亚轨道飞行，飞行持续了15分钟（图1-29）。值得一提的是谢帕德在整个过程中都是手动控制飞船。美国首次载人轨道飞行是在1962年2月20日，当时宇航员约翰·格伦乘坐"水星"号飞船在260千米高的轨道上飞行了3圈，历时4小时55分23秒。

1.4.2 太空女杰

说起人类历史上第一位进入地球轨道成功完成飞行的航天员时，大多数人都知道苏联宇航员加加林的名字。然而如果追问第一位实现太空飞行的女航天员是谁，大家就不一定知道了。其实，在人类航天史上有许多优秀的女航天员，为了完成任

⊕ 图1-29 宇航员阿兰·谢帕德和"水星－红石"3号飞船（美国）

务，这些巾帼英雄可能需要付出比男人们更多的努力，她们同样值得被铭记。苏联宇航员捷列什科娃就是这样一位太空女杰（图1-30）。

⊕ 图1-30 人类第一位女宇航员捷列什科娃（苏联）

瓦莲京娜·捷列什科娃是世界上第一位实现太空飞行的女性，是俄罗斯唯一的女将军，被誉为"民族英雄""世纪女性"，获得过联合国和平金奖、齐奥尔科夫斯基奖章等，是世界上十几个城市的荣誉市民，月球背面的一座环形山就是以她的名字命名的。她同时还是技术科学副博士，先后两次被授予列宁勋章，并曾荣获许多国家的高级奖章。目前，捷列什科娃还在继续积极地从事社会活动，并希望能参加火星探险活动。

随着第一位宇航员加加林的升空，人们朝着梦想终于走出了第一步，迄今为止已有相当多的宇航员乘坐宇宙飞船飞出了地球，有的甚至将足迹印上了另一个星球——月球。然而，由于宇宙飞行对体力、智力的严格要求，以及飞行历程中充满的不确定性和危险性，使得相当长的一段时间内，宇航员的荣誉只能属于男人。首次打破男人对宇航员的垄断的就是捷列什科娃——世界上第一位女宇航员。

捷列什科娃出生在远离莫斯科的雅罗斯拉夫城。由于第二次世界大战，她的母亲在 26 岁时成了遗孀，和苏联成千上万名寡妇一样，她的母亲在一家工厂工作，抚养着三个孩子。小捷列什科娃在一家纺织厂干活，晚上则去夜校学习，儿时的梦想是当一名工程师，出于爱好，她还在当地的航空俱乐部练习跳伞。

1961 年，尤里·加加林成为世界上第一名宇航员，捷列什科娃如同众多的苏联姑娘一样，将加加林作为自己心中的偶像。她和航空俱乐部的女友们一起联名给有关部门写了一封信，强调男女平等，并呼吁派一位女性进入太空。令她惊喜的是，没过几天，所有在信上署名的姑娘都被邀请去莫斯科。在莫斯科，集合了许多来自全国不同地区的姑娘，大家的目标是一致的：成为第一位进入太空的女宇航员。

考核是严格的，经过了三个月各种类型的试验——医学、体育、特殊使命等方面，又经过层层筛选，幸运女神降临到了捷列什科娃的身上。当听到自己的名字时，捷列什科娃的心里顿时充满了无比的兴奋以及征服太空的信心。

从被选中到第一次执行太空飞行任务，中间又过去了两年，在这段时间里，捷列什科娃接受了宇航员所必需的各种严酷训练，终于赢来了激动人心的时刻——向太空出发。作为第一位女宇航员，捷列什科娃是这样回忆自己的首次太空飞行的："我稳坐在宇宙飞船的密封舱内，没有想到自己的家庭，也没有想过是否能返回地球。我脑子里只装着未来 24 小时内承担的使命和责任：拍照片、拍电影、做科学试验。但是，最值得一提的是，当我在太空中看到无比壮观的地球时，实在抑制不住内心的激动，我对它产生深深的眷恋。我向这颗美丽的星球——地球提出延长在太空逗留的时间的请求，领导批准我绕地球运转 48 圈。最终我飞行了 70 小时 50 分钟，航行约 200 万千米，这是我一生中最大的幸福。"

而使她闻名世界的宇航飞行险些酿成一场悲剧。她在讲述飞行经历时指出："在宇宙飞船上曾出现差错：本来应该是降落，但却向轨道方向上升。这样的话，我不可能返回地面。还好，我及时发现了这一问题并做了汇报。专家列出了正确的数据。于是，我成功降落到地面。"

中国"神舟"五号飞船成功发射后，捷列什科娃来中国参观了中国科技馆和中国航天员科研训练中心。她说，杨利伟的太空之行是中国在航天科技领域取得的伟大成就。谈到中国有计划选拔女航天员时，捷列什科娃眼睛亮了："我知道中国有'妇女能顶半边天'的说法。我充分相信在不久的将来，太空将迎来美丽的中国姑娘"！

2012 年 6 月 16 日，我国的"神舟"九号飞船发射成功，搭载 3 名宇航员，包括中国首位女宇航员刘洋（图 1-31），在太空停留 13 天，于 29 日返回。此次飞行中刘洋的任务主要是在执行手控

↑ 图1-31　中国首位女宇航员刘洋

交会对接的时候进行监视、提供支持。除此之外，刘洋在长达 13 天的飞行任务中还承担了多项科学试验任务。

　　美国首位女宇航员是萨莉·莱德。1983 年 6 月 18 日，莱德凭借出色的训练成绩和实践表现，被航天局指派搭乘"挑战者"号航天飞机升空，执行代号为"STS-7"的太空任务。她的主要任务是与另一名宇航员共同操纵一个 50 英尺（1 英尺 = 0.3048 米）长的机械手，把一个特制的科学仪器箱从航天飞机的货舱中取出置于太空，9 小时后再回收入舱。此外她还负责在航天飞机发生紧急状况时向机长提出纠正飞行的措施。

1.4.3 老骥伏枥

　　谢帕德是幸运的，他是美国第一个进入太空的人，在冷战背景下，他迅速被官方和媒体包装成太空英雄。毕竟面对苏联太空竞赛的挑战，美国太需要这样一面旗帜了，虽然谢帕德只是进行了亚轨道飞行，并没有真正脱离地球引力。

　　而他的替补约翰·格伦则是一个更加富有传奇色彩的人，作家汤姆·沃尔夫称他是"美国有史以来最后一位真正的国家英雄"。

　　1958 年 10 月，美国 NASA 成立之时，首任局长基斯·格伦南宣布美国将执行"水星"载人航天计划。与此同时，选拔和招收航天员的工作迅速展开。参加过二战和朝鲜战争并创造了横穿美国大陆超声速飞行速度记录的前飞行员约翰·格伦也报名参加了。最终，从 150 名符合严苛条件的志愿者中选拔出的包括格伦在内的 7 位幸运儿成了美国首批航天员。

　　格伦（图 1-32）与他的 6 名同伴经过了两年多的训练。在 1961 年 5 月美国的首次亚轨道飞行任务中，阿兰·谢帕德被选为第一航天员，格伦作为他的替补。而在第二次亚轨道飞行中，维吉尔·格里索姆又抢了先手。1961 年的 5 月，谢帕德显然是被美国航天局认为最优秀也最适合的航天员。而谢帕德和格里索姆肯定也知道他们所进行的并不是轨道飞行，美国早晚有一天会进行真正的轨道飞行，到那时已经算"上过天"的自己恐怕连候选人的资格也没有。但谢帕德和格里索姆没有选择，"候补航天员"格伦也没有。

⊕　图 1-32　格伦与"友谊"7 号飞船（美国）

　　1962 年 2 月 20 日之前的一个月，"水星"系列载人飞船的第三艘飞船——"友谊"7 号发射时间已经调整了 10 次。坏天气或小的机械故障随时都会影响最后的发射决定。格伦回忆说："再次准备发射，再次取消发射，实际上我有 4 次都穿好了航天服，有 2 次甚至都爬到了'宇宙神'火箭的顶部，坐进了'友谊'7 号的座舱。"

最终，2 月 20 日成为第 11 次被确定的发射时间，"宇宙神"火箭腾空而起，"友谊"7 号在轨绕地球三周。第一圈在轨飞行接近末尾时，自动控制系统出现问题，迫使格伦在剩下的轨道飞行中大部分时间采取手动控制。在第三圈飞行时，"友谊"7 号的传感器向地面发送了警告信号，警告可能有更严重的问题发生——飞船的防热罩好像松了。地面控制中心怀疑这只是警报故障，但也不能确定。后来证明这的确是一次误报，不过还好并没有影响格伦的平安返回。

约翰·格伦在此后 36 年中再也没进入过太空，"双子星"计划、"阿波罗"计划、"天空实验室"计划……这些终于让美国在太空竞赛中逐渐翻盘的伟大项目都与他无缘。1965 年，格伦从航天员岗位和海军岗位退役，进入商界，后来又成为一名政客。1974 年他首次当选为俄亥俄州参议员，先后 4 次连任，是美国参议员中公认的科技事务专家。

⊕ 图 1-33　77 岁的格伦再次进入太空（美国）

所有人都以为格伦和太空没什么关系了，他再次穿上航天服的概率恐怕比入主白宫的概率更小。然而，1988 年"发现"号航天飞机的一次发射引起了全世界的关注，航天飞机里坐着一位 77 岁的老人——约翰·格伦，创下两次太空飞行间隔最长、年龄最大航天员的记录（图 1-33）。

2016 年 12 月 8 日格伦去世，结束了他传奇的一生。

1.4.4　太空漫步

"东方"号飞船计划完成后，苏联迅速开始了第二代飞船"上升"号的研制计划，计划的核心是使一艘飞船乘坐多名航天员以及实现太空行走。

为了和美国争夺时间，苏联顾不上进行大的技术改动，"上升"号基本保持了"东方"号的格局（图 1-34）。专家们绞尽脑汁在增加座位上打主意，他们拆掉了"东方"号上的许多仪器设备，甚至连航天员最基本的生命保障也降到了最低限度。但是要在直径仅 2 米的球形舱里塞进 3 名穿着臃肿航天服的宇航员仍是不可能的。专家们想不出办法，只好冒险决定，让航天员统统不穿航天服上天！这显然是十分危险的，一旦飞船密封发生问题，不到 10 秒，航天员就会因体液沸腾、身体爆炸或窒息而死。

"上升"号飞船一共进行了 2 次发射。1964 年 10 月 12 日发射的"上升"1 号飞船在轨道上飞行了 24 小时 17 分钟，3 位宇航员完全处于自由状态，无论是

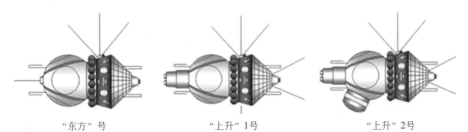

"东方"号   "上升"1号   "上升"2号

⊕ 图1-34 "东方"号飞船与"上升"号飞船

工作、饮食、休息，都不扎上皮带，以充分体验失重状态对人体机能的影响。1965 年 3 月 18 日发射的"上升"2 号宇宙飞船中 2 名宇航员中的列昂诺夫（图 1-35）穿上了特制的宇宙服，进入宇宙空间自由飘动，最远飘离飞船 5 米，实现了人类首次出舱太空活动。

"上升"2 号飞船的飞行，也是美苏太空竞赛的一种表现方式。苏联早就得到消息——美国"双子星座"号宇宙飞船上的宇航员要试验太空"行走"，后来更得到了确切的发射日期：1965 年 3 月 23 日。为了抢时间，赶在美国前头实现宇航员太空"行走"，苏联于 3 月 18 日发射了"上升"2 号飞船，再一次获得了一个"第一"。

美国宇航员到太空中"行走"，计划是降低座舱压力打开舱口出入的。而苏联则采用了一个简便办法，在舱口安装了一个轻便的气闸舱（图 1-36）。进入宇宙的宇航员先进入气闸舱，由另一名宇航员从后面封闭闸门，然后那位宇航员就能打开外舱口进入宇宙。目前许多飞船、空间站都采用了这种气闸舱。

"上升"2 号比"双子星座"3 号早飞了 5 天，由指挥长别利亚耶夫和副驾驶列昂诺夫共同驾驶。飞行至第三圈时，列昂诺夫打开飞船密封舱进入气闸舱，在里面换上舱外航天服，依靠呼吸纯氧排掉体内血液中的氮气后，打开气闸舱门，探头"飘"出舱口，并向电视摄像机镜头挥了挥手。瞬间，列昂诺夫像一片轻柔的羽毛在太空中飘飞起来。别利亚耶夫激动地向地面报告："他步入宇宙空间了！"

⊕ 图1-35 人类首次进行太空行走的宇航员列昂诺夫（苏联）

⊕ 图1-36 "上升"号飞船的气闸舱

列昂诺夫开始并不太适应太空环境，稍微用一点劲摆正身体，整个人就开始旋转起来。他在宇宙中"行走"了9分钟，以7.9千米/秒的速度与飞船同步绕地球飞行，多次离开飞船5米，完成了几个简单操作任务。谁知当他奉命重新返回宇宙飞船时，他的宇航服如同气球似地膨胀起来，怎么也不能从轻便管道口进入飞船座舱。为此，他费了九牛二虎之力，想了许多办法，整整用了8分钟才挤进座舱。

祸不单行，当"上升"2号飞船绕地飞行17圈后即将返回地面时，突然遥控装置失灵，制动发动机停止工作。于是按照地面指挥中心的指令，这两位苏联宇航员不得不多飞1圈并且改用手动操纵装置启动制动发动机，这样才得以安全返回。由于这个故障，"上升"2号飞船的实际飞行时间是26小时，而不是原定的24小时。飞船的降落地点也不是原定的苏联南部地区，而是在北部的彼尔姆附近一个积雪很深且树木稀疏的林区，偏离预定降落点3200千米，还好茂密的树梢和厚达两米的积雪起到了一定的缓冲作用。

舱外此时下着暴雪，狼群在四周不时嚎叫。两位航天员艰难地爬出舱门，按照以往野外生存训练中的程序，架好天线，发出呼救信号。但他们实在偏离得太远了，指挥中心和他们失去了联系，迟迟没有回应。本可以御寒的降落伞在落地时挂到了树梢上；本可以躲避风雪的飞船却不能进去，因为舱内制冷空调一直在工作，他们努力尝试却无法关闭。列昂诺夫最惨，他在太空行走时出了太多的汗，多达6升的汗水全留在航天服内，着陆后他只好冒着零下20多摄氏度的严寒，脱下航天服再脱下内衣，光着身子把衣服拧干。

那天苏联还布置了驻扎在远东和北极地区的苏军所有空军部队随时准备救援。第二天四处搜寻的救援人员终于发现了他们。由于在茂密深林之中，救援直升机无法降落，只好先给他们空投了一些食品，以及伏特加和防寒服。漫天呼啸的暴风把这些东西几乎全都吹散了，幸好他们捡到了几根香肠和一只皮鞋，在严寒中又艰难度过了一个夜晚。第三天，别利亚耶夫和列昂诺夫脚蹬滑雪板，走出森林，赶到了9千米外的停机坪。

首次太空漫步，给"上升"2号带来了巨大的荣誉，本来是冷战背景下匆忙的产物，却成了载人航天史上重要的里程碑。过去科学家一直担心，在广袤的太空中人是否能行走、能否具有空间定向能力、能否在太空中工作等。现在，这些问题终于被"上升"2号解决了。

1.4.5 蟾宫折桂

"这是个人迈出的一小步，但却是人类迈出的一大步。"美国宇航员尼尔·阿姆斯特朗的这句话流传甚广，这句话的背后有无数的难关被攻克，无数的技术问题被解决。这些技术对之后人类的科技进步起到了广泛的推动作用，登月成功象征着一个新的时代的开启。

苏联自加加林成功进入太空后取得的一个个壮举，大大地刺激了美国，更加深了美国人民对在太空竞赛中落后的恐惧。为了改变落后一步的局面，美国开始实施伟大的"阿波罗"登月计划。

"阿波罗"计划是美国迄今为止执行过的最庞大的月球探测计划，"阿波罗"飞船的任务包括为载人登月飞行做准备和实现载人登月飞行，已于1972年底成功结束。近50年来，还没有其他的载人航天器离开过地球轨道。"阿波罗"计划详细地揭示了月球表面特性、物质化学成分、光学特性，并探测了月球重力、磁场、月震等。后来美国的"天空实验室"计划和美国、苏联联合进行的"阿波罗飞船－联盟飞船"联合飞行计划，也使用了原来为登月计划建造的设备，因此也就经常被认为是"阿波罗"计划的一部分。

↑ 图1-37 "土星"5号运载火箭（美国）

当时，将航天员送上遥远的月球，首先遇到的挑战就是用什么样的运载工具克服地球引力将几十吨重的飞船送往月球，那时世界上没有火箭能够一次运送可登月的航天器。为此，美国人开始了"土星"5号的研制（图1-37）。"土星"5号超重型运载火箭是仅次于苏联"能源"号运载火箭的世界上推力第二大的运载火箭，也称月球火箭。在1967～1973年间共发射了13枚"土星"5号运载火箭，保持着完美的成功发射记录。共有9枚"土星"5号运载火箭将载人的"阿波罗"号宇宙飞船送上月球轨道。

当时，美国制定了"七步走"的登月计划，并相应地确定了由指令舱、服务舱和登月舱组成飞船的总体布局方案。这种方案是用一艘较大的航天器——指令／服务舱，携带一艘载有宇航员的登月航天器——登月舱。指令／服务舱携带从地球到月球并返回所需的燃料和生活必需品，以及再入地球大气层所需的隔热板。

进入月球轨道之后，登月舱携带2名宇航员与指令／服务舱分离，并降落在月球表面；指令／服务舱留在月球轨道，3名宇航员中的另外1名留在指令／服务舱中。登月完成之后，登月舱重新起飞，与指令／服务舱在月球轨道会合，并返回地球。登月舱本身分为两部分——降落部分和起飞部分，前者用于在登月时降落，后者用于在任务完成后起飞与指令舱会合并返回地球。由于航天器重量减轻，一次任务只需要一次单独的火箭发射。当时的顾虑是次数较多的对接和分离所增加的技术难度。

1969 年 7 月 16 日，巨大的"土星 5 号"火箭载着"阿波罗"11 号飞船从美国卡纳维拉尔角肯尼迪航天中心点火升空，开始了人类首次登月的太空征程。在 38 万千米的漫长旅程中，美国宇航员尼尔·阿姆斯特朗、巴兹·奥尔德林、迈克尔·柯林斯（图 1-38）驾驶着飞船顺利完成了地球轨道飞行、奔月轨道飞行和环绕月球轨道飞行。经过 4 个昼夜的紧张飞行后，飞船终于到达月球着陆点上空。按照计划，指令舱驾驶员柯林斯将单独驾驶"哥伦比亚"母船在环绕月球轨道上继续飞行，而指令长阿姆斯特朗和登月舱驾驶员奥尔德林开始乘坐登月舱"鹰"（图 1-39）在月球着陆。

⊙ 图 1-38 美国"阿波罗"11 号飞船的三名宇航员（左起：阿姆斯特朗、柯林斯、奥尔德林）

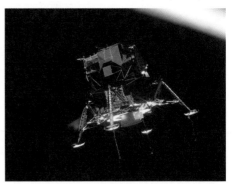

⊙ 图 1-39 从"阿波罗"11 号飞船的"哥伦比亚"指令／服务舱上拍摄到的"鹰"登月舱

在"鹰"登月舱下降至距离月球表面 9000 米时，登月舱计算机警报响起，表明登月舱计算机发生故障，但并没有显示出代表故障的数字符号，说明故障是预先没有想到的。地面指挥官史蒂夫·贝尔斯临危不乱，冷静分析。此时他面临两难抉择：要么终止登月，这意味着终止整个"阿波罗"11 号飞行计划，因为登月舱下降段燃料仅够一次使用；要么继续登月，但如果计算机真的有大问题，宇航员就面临绝境。依靠丰富的经验和学识，贝尔斯在几秒内做出决定：警报可能是计算机过载造成的，不用理会，继续下降。事实证明，贝尔斯是正确的。

在接近月球表面时，阿姆斯特朗向舷窗外望了一眼，马上意识到麻烦又来了。原来，即将着陆的地方布满了汽车大小的石头，要在这样的地方安全降落是不可能的。而这时登月舱携带的推进剂已经所剩无几，必须抓紧时间另找降落点。依靠最后一点推进剂，阿姆斯特朗冷静地操纵着登月舱避开了这片乱石堆，选择了一处合适地点，把登月舱稳稳地降落在月球上（图 1-40）。这时，登月

⊙ 图 1-40 "阿波罗"11 号飞船的"鹰"登月舱在月球表面

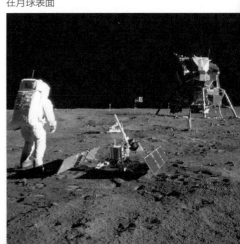

舱的推进剂只能再工作 30 秒了!

登月舱刚刚着陆,阿姆斯特朗立即向地面报告:美国东部时间 1969 年 7 月 20 日 16 时 17 分 43 秒,人类成功登上了月球。做好出舱准备后,指令长阿姆斯特朗在奥尔德林的帮助下小心翼翼地走下扶梯。他先将左脚轻轻地放在布满细粉状砂砾的月球表面,确认不会下陷后,才把右脚踩到了月球表面上。于是在月球上留下了人类的第一个足迹(图 1-41)以及那句经典的话。

随后,两名航天员进行了两个半小时的月面活动。他们在月球表面插上了美国国旗(图 1-42),并放置了一块登月纪念碑,上面刻着:"公元 1969 年 7 月,地球行星上的人类,在此首次踏上月球,我们代表全人类和平来此。"随后他们采集了月面岩石及土壤标本、安放了相关的仪器。

在月球表面停留了 21 小时 36 分之后,2 名宇航员乘坐登月舱上升段飞离了月球,而充当发射架的下降段则留在了那里。回程非常顺利,从月球起飞的"鹰"用上升段发动机迅速升高,很快便与仍在环绕月球的母船"哥伦比亚"号实现了交会对接,然后 3 名宇航员甩掉了已经完成使命的"鹰",一起乘坐"哥伦比亚"号离开月球轨道,返回地球。最终返回舱溅落在海面上(图 1-43)。

"阿波罗"计划取得了巨大的成功,但计划中也有过几次严重的危机,包括"阿波罗"1 号测试时的大火造成维吉尔·格里森、爱德华·怀特、罗杰·查菲 3 名宇航员"出师未捷身先死"(图 1-44);

⊕ 图 1-41 人类在月球上的第一个足迹

⊕ 图 1-42 "阿波罗"11 号飞船的宇航员将美国国旗插上月球

⊕ 图 1-43 "阿波罗"11 号飞船的返回舱溅落在海面上

"阿波罗" 13 号的氧气罐爆炸导致该次登月计划终止；以及"阿波罗飞船 – 联盟飞船"联合飞行计划中"阿波罗" 18 号飞船返回大气层时排放的有毒气体；都使执行任务的宇航员险些丧命。

⊕ 图1-44　被烧毁的美国"阿波罗"1号指令舱及牺牲的三名宇航员（左起：格里森、怀特、查菲）

1.4.6　中国神舟

2003 年 10 月 15 日，中国第一艘载人飞船"神舟"五号，由新型长征二号 F 捆绑式火箭发射（图 1-45），搭载中国首位航天员杨利伟飞向太空（图 1-46）。杨利伟在太空中徐徐展开鲜红的五星红旗和蓝色的联合国旗，一边向全世界招手致意，一边说出了英文短句："和平利用太空，造福全人类。"

⊕ 图1-45　"神舟"五号飞船发射及飞行　　　　⊕ 图1-46　航天员杨利伟在"神舟"飞船里

杨利伟在轨飞行了 21 小时 23 分。16 日 6 时 23 分，"神舟"五号飞船返回地面时，正巧是太阳钻出地平线、北京天安门广场升国旗的时间。飞船的实际落点与理论计算着陆点仅相差 4.8 千米，相当于打靶中了 10 环。杨利伟走出返回舱（图 1-47）后对飞船总设计师戚发轫说的第一句话就是："谢谢，谢谢，咱们的飞船真棒！"这句话让古稀之年的戚发轫院士热泪盈眶，他认为这是对自己的最高奖励。而这句话的背后，是"神舟"系列飞船数年来的设计、研究、试验与中国航天科技数十年的积累。

问天神器——航天器、火箭与导弹的奥秘

"神舟"五号的飞行过程也并不是一帆风顺的。当倒计时停止，火箭推动着飞船腾空而起时，在地面指挥中心的大屏幕上，杨利伟表情依然淡定。然而这份出奇的淡定却让地面工作人员不安。大家谁也不敢吱声，因为飞船传回来的画面是定格的，航天员一动不动，甚至眼睛也不眨，有人担心是不是出了什么事故。人们的担心是有道理的，此时杨利伟异常平静的表情背后，巨大的痛苦正在吞噬他的身体。

就在火箭上升到三四十千米的高度时，火箭和飞船突然开始急剧抖动，意料之外的共振出现了——人体对 10 赫兹以下的低频振动非常敏感，这种振动会让人的内脏产生共振。而这时不单单是低频振动的问题，振动还要叠加在大约 6g 的过载上。共振幅度以曲线的形式变化，痛苦的感觉越来越强烈，杨利伟的五脏六腑似乎快要碎了。中国首位太空人后来回忆说："太可怕了，我从来没有进行过这种训练……"

发射后 3 分 20 秒，飞船整流罩准时打开，外面的光线透过舷窗照了进来，杨利伟的眼睛眨了一下。大厅有人喊道："快看啊，他眨眼了，杨利伟还活着！"返航后的杨利伟详细描述了之前的惊险过程，工作人员研究后认为，飞船的共振主要来自火箭振动。之后工作人员进行了技术改进，解决了这个问题。这个问题在"神舟"六号飞行时已有大幅改善；在"神舟"七号飞行中就再也没有出现过。

"神舟"五号返回地球时，舷窗外的防烧蚀涂层在高温下开裂脱落，杨利伟透过舷窗看到这一景象十分心惊，因为当时他并不知道开裂的只是舷窗外的防烧蚀层而不是玻璃本体。着陆时巨大的冲击力还使杨利伟嘴角受伤，因为麦克风有不规则棱角。不过好在这一切都有惊无险。

截至目前，我国进行了 6 次载人航天活动，全都圆满成功，11 名航天员进入太空，其中景海鹏 3 次飞天（图 1-48）。航天英雄们也都出色地完成了任务并平安归来，这体现出我国航天科技的水平与航天人的责任感。我们期待着我国下一次载人航天活动的圆满成功。

⊕ 图 1-47 航天员杨利伟走出"神舟"五号飞船的返回舱

⊕ 图 1-48 刘旺、景海鹏、刘洋三位航天员在"神舟"九号飞船里

1.4.7 黑色记忆

任何事的发展都不是一帆风顺的，人类的航天活动也不能例外。火箭发射失败、飞船失控、航天飞机解体，这些事故在人类航天史上都曾经发生过。而当航天器上载有宇航员时，这些事故就会造成巨大的悲剧，成为人们心中的黑色记忆。从"世界航天第一人"万户的慷慨冒险，到"哥伦比亚"号航天飞机上的 7 人悲剧，这串航天英烈名单上的人并不少。虽然他们没能圆满完成任务，但是他们并不该被遗忘，相反，他们更应该被永远铭记。

（1）邦达连科

现代航天史上第一位牺牲的宇航员是苏联的邦达连科（图 1-49）。1961 年 3 月 23 日，距离"东方"号载人飞行不到三周，被确定为苏联首航太空的航天员邦达连科，在充满纯氧的舱室里进行紧张的训练。休息时，他用酒精棉球擦完身上固定过传感器的部位后，随手将它扔到了一块电极板上，结果舱内燃起大火，他被严重烧伤，10 小时后死亡，成为人类载人航天活动中第一位遇难的航天员。

（2）科马洛夫

如果说苏联宇航员邦达连科的"出师未捷身先死"有自身的责任，那弗拉基米尔·科马洛夫（图 1-50）的牺牲则是充满英雄主义的悲剧。

⊙ 图1-49　邦达连科（前苏联）

⊙ 图1-50　弗拉基米尔·科马洛夫（苏联）

1967 年对苏联而言是非常重要的一年，是"十月革命"胜利 50 周年，也是由苏联发射的第一颗人造卫星"斯普特尼克"1 号发射 10 周年。之前的十年中，苏联人在航天领域收获颇丰，他们认为自己在太空竞赛中已经占得先机。此时正是冷战最紧张的时刻，他们觉得自己应该在这一年做些什么。

在这样的背景下，"联盟"1 号载人飞船发射了（图 1-51）。"联盟"号作为"东方"号单人飞船的后续型号，是一种能乘坐 3 人的多用途飞船，当时打算用于

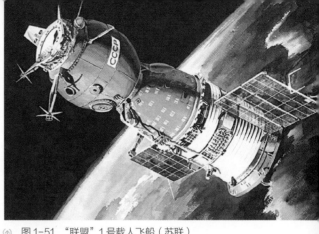

载人登月飞行和地球轨道上的各种实验。由于在和美国竞赛，"联盟"号的研制试验并不充分。科马洛夫乘"联盟"号升空之前进行的三次不载人试飞都出现了重大安全事故，明显地说明当时的"联盟"号在设计上还存在着严重缺陷。

↑ 图1-51 "联盟"1号载人飞船（苏联）

根据计划，下一次飞行就要载人了，飞船总设计师米申主张取消这次发射，继续试验改进飞船。有关人员对"联盟"1号进行检查，发现203处结构性问题，这些问题会让飞船在太空中的飞行变得很危险。然而苏共中央驳回了申请，仍要求4月1日进行"联盟"1号发射，他们从国家政治高度认为："十月革命"胜利50周年和第一颗人造卫星发射10周年的日子日益临近，需要再用一次"太空壮举"来为这两个纪念日献礼。

1967年4月23日，"联盟"1号载人飞船从拜科努尔航天中心发射升空，上面只搭载着宇航员科马洛夫一人。科马洛夫是苏联第一位两次进入太空的宇航员，曾执行"上升"1号任务，而他的后备宇航员则是加加林。按照原定计划，"联盟"1号发射后，"联盟"2号将在随后搭载两名宇航员升空，与"联盟"1号交会对接。

但是，"联盟"1号在进入太空后便出现了一个又一个问题：左侧太阳能帆板未能自动展开，造成电力供应不足。紧接着，导航系统也开始出现故障。当飞船进入到第13圈时，飞船的自动平衡系统彻底陷入瘫痪，手动操纵系统也不能完全发挥作用。

鉴于"联盟"1号上出现的危机，"联盟"2号的宇航员们制定了一个应急方案，准备在升空后对"联盟"1号进行抢修。孰料在发射时拜科努尔上空风雨大作，起飞程序不得不被叫停。在地面上的宇航员们只能望天兴叹，对受困宇宙的科马洛夫爱莫能助。

危难关头，地面控制中心飞控主任做出了决定——让飞船在不利的情况下返回地球。根据安排，"联盟"1号的着陆实施时间定在了第19圈。由于船上的两种自动定向系统已不能发挥作用，唯一的办法便是由科马洛夫尝试手动定向。苏联时任总理柯西金当时直接与科马洛夫通了话，告诉他祖国为他自豪。显然，地面上的人大多不相信他能闯过再入大气层这道关口。

手动定向再入大气层的方法非常困难和复杂，而且由于认为实际飞行中不可能使用"手动"，所以航天员从没有做过针对性的训练。为实施这一方案，科马洛夫需要在第18圈飞行过程中在有阳光一侧利用地平线作参照来为飞船定向。接下来，在进入阴影区之前，他必须迅速将姿态控制交给船上的陀螺，并在飞出阴影区后立即对飞船进行重新检查，如果发现指向有误，他还要重新"手动"，直到在第19圈时进行再入制动点火。

正当科马洛夫为这项高难任务做准备时，地面又告诉他，船上电力仅够用到第21圈飞行。第二次再入尝试很可能是他的最后一次机会。在巨大的精神压力下，科马洛夫准确无误地完成了各项操作。飞船调姿成功，制动发动机点火成功，"联盟"1号开始降落了！

科马洛夫向地面报告了他成功的消息，但又说飞船偏离了预定的再入角度，将不是以平缓的角度，而是以几乎垂直的弹道式角度再入。随后，返回舱与轨道舱和服务舱分离，"联盟"1号飞出黑障区后，地面又听到了科马洛夫向他们报告情况的声音，这声音平静而沉稳。飞行控制中心的人员开始相信，他们做到了一件不可能做到的事情，科马洛夫就要安全地回来了。

当"联盟"1号飞到第18圈时，科马洛夫点燃了制动火箭，返回大气层。就在接下来的一瞬间，悲剧发生了："联盟"1号飞船在距地面7千米高度上，伞舱盖应当弹射分离，然而"联盟"1号的主伞并没有被拉出。一般情况下，主伞出现问题，备用伞系统就会自动启用。但是，按照预定的设计，主伞只有被拉出后才能与返回舱分离，备用伞系统方才启动（这种设计是为了避免两伞缠绕），而这次发生的情况却是主伞仍然在伞舱内，根本就没有被拉出，所以备用伞也就没有展开。飞船里的科马洛夫此时再也无力回天。一系列的故障使得飞船以90千米/小时的速度坠毁在哈萨克斯坦卡拉布拉克以西3千米处。在场的救援直升机观察到"联盟"1号坠毁后现场发生爆炸，并很快升起浓烟。被砸扁的返回舱内燃起大火，连金属都被熔化了，最先赶到现场的救援人员甚至无法分辨出科马洛夫的遗体。

科马洛夫是第一位在太空飞行中牺牲的航天员，但遗憾的是，他并不是最后一位。

（3）死神再次降临

1971年6月29日，苏联的"联盟"号飞船与"礼炮"空间站对接飞行24天后，3名宇航员格奥尔基·科马罗夫、弗拉基米尔·沃尔科夫和维克托·帕沙耶夫在返回地面的归途中因密封舱漏气，同时又未穿宇航服，只能静静地死在舱内。

1986年1月28日，美国正式使用的第二架航天飞机"挑战者"号在进行代号STS-51-L的第10次太空任务时，因为右侧固体火箭推进器上面的一个O形环失效，并且导致一连串的连锁反应，在升空后73秒时，爆炸解体坠毁。机上七名宇航员都在该次事故中丧生。他们是：机长弗朗西斯·斯科比，驾驶员迈克·史密斯，朱蒂丝·雷斯尼克（女），罗纳德·麦克奈尔，埃里森·奥尼佐卡，格里高利·杰维斯，教师克里斯塔·麦考利芙（女）（图1-52）。

⊕ 图1-52 "挑战者"号航天飞机及牺牲的七名宇航员（美国）

2003年2月1日，美国第一架正式服役航天飞机"哥伦比亚"号（图1-53）在原定降落时间16分钟前与地面控制中心失去联络，继而在德克萨斯州中部上空解体，七名航天员无一生还。他们是：机长里克·哈兹班德；威廉姆·麦库；有效载荷指令长麦克尔·安德森；任务专家卡尔帕纳·楚拉、大卫·布朗、劳瑞尔·克拉克；以色列首位宇航员，有效载荷专家伊兰·拉蒙（图1-53）。

⊕ 图1-53 "哥伦比亚"号航天飞机和牺牲的七名宇航员（美国）

美国宇航局2004年8月13日确认，"哥伦比亚"号航天飞机的燃料外储箱表面泡沫材料安装过程中存在的缺陷是造成整起事故的罪魁祸首。"哥伦比亚"号航天飞机事故调查委员会公布的调查报告称，燃料外储箱表面脱落的一块泡沫材料击中航天飞机左翼前缘导致隔热瓦脱落。当航天飞机返回时，经过大气层产生剧烈摩擦，使温度高达1400℃的空气在冲入左机翼后熔化了内部结构，致使机翼和机体损坏，导致了悲剧的发生。

探索宇宙的道路充满坎坷，但人类的步伐不会停止，未来会有越来越多的载人航天器飞向太空。随着科技的进步与经验的积累，希望这样的悲剧不要重演。

亮点小知识：揭开冥王星面纱的"新视野"号

2015年7月14日，历时9年、飞行48亿千米，美国的"新视野"号探测器顺利到达目的地——冥王星附近，第一次真正揭开了冥王星的神秘面纱（图1-54）。

"新视野"号在人类至今发射的探测器中起始速度最快；它造访的是传统教科书中太阳系中最后一颗大行星，也是人类所能靠近的最远的一颗行星（2006年8月24日冥王星被国际天文学联合会定义为"矮行星"，不再是太阳的大行星）。

由于冥王星距离太阳太远，阳光从太阳照到冥王星都需要五小时，在冥王星附近能接受的太阳能只及地球的千分之一，探测器无法利用太阳能产生足够的能量供活动所需，因此探测器采用核能源。

完成冥王星的探测后，"新视野"号将到访柯伊伯带，继续探索太阳系起源的秘密。

⬆ 图1-54 揭开冥王星面纱的"新视野"号探测器（美国）

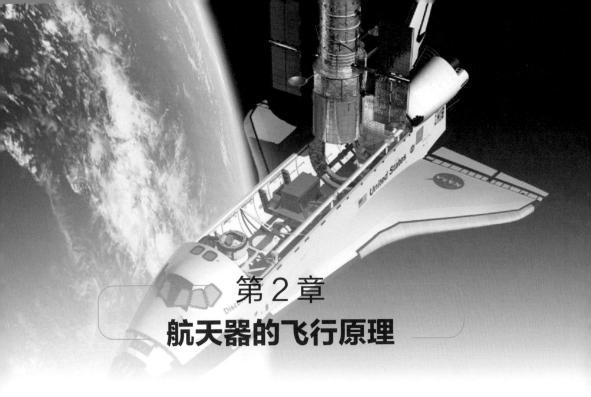

第 2 章
航天器的飞行原理

所有航天器都必须经历离开地面、穿越大气层、进入太空的阶段，有些航天器最后还要重新进入大气层并返回。航天器在空间航行的轨迹称为轨道，要进入这些轨道需要有不同的速度克服地球引力的作用。航天器进入轨道和返回地球需要遵照航天器的飞行原理。

2.1 天体力学

航天器需要在轨道运行段完成航天飞行的全部飞行任务。在轨道飞行的航天器，绝大部分时间是在地球引力的作用下无动力惯性飞行，航天器轨道动力学是从古典天体力学发展而来的，用于专门研究这种飞行规律。天体力学研究自然天体（如月球、行星）的运动规律，从本质上讲航天器与自然天体运动规律是一致的。因此，研究航天器的运动可用天体力学的方法。下面介绍天体力学普遍存在的规律——万有引力定律和开普勒三大定律。

（1）万有引力定律

牛顿万有引力定律：两物体之间存在着相互的吸引力，其大小与两物体质量的乘积成正比，与两物体距离的平方成反比。用公式表示为：

$$F=G\frac{m_1m_2}{r^2}$$

式中，F 为引力；m_1、m_2 为两物体的质量；G 为万有引力常数；r 为两物体之间的距离。从试验得到：$G=6.6726\times10^{-11}$ 牛·米^2/千克^2。

（2）开普勒三大定律

开普勒三大定律是开普勒发现的关于行星运动的定律。开普勒根据丹麦著名天文学家第谷·布拉赫的行星位置资料，沿用哥白尼的匀速圆周运动定律，通过大量计算得出三大定律。

① 椭圆定律　开普勒第一定律也称椭圆定律，即每一行星沿一个椭圆轨道环绕太阳运行，而太阳则处在轨道的一个焦点上（图 2-1）。卫星绕行星的运行规律也是如此。基于这一定律，不论向哪个方向发射卫星，卫星轨道面一定通过地心。

② 面积定律　开普勒第二定律也称面积定律，即从太阳到行星所连接的直线在相等的时间内扫过同等的面积，如图 2-2 中所示 A 的面积与 B 的面积相等。也就是说，卫星的速度在近地点处最大，在远地点处最小。

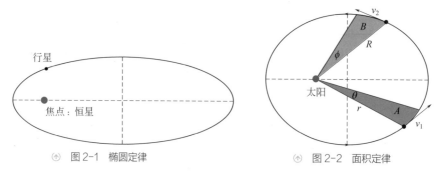

⊕ 图 2-1　椭圆定律　　　　　　　　⊕ 图 2-2　面积定律

③ 调和定律　开普勒第三定律也称调和定律，即行星围绕太阳运动的公转周期的平方与它们轨道半长轴的立方成正比（图 2-3），即 $\dfrac{T_1^2}{R_1^3}=\dfrac{T_2^2}{R_2^3}$。因此，无论是椭圆轨道还是圆形轨道，只要半长轴相同，周期也就相同。

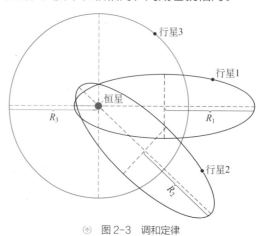

⊕ 图 2-3　调和定律

问天神器——航天器、火箭与导弹的奥秘

2.2 宇宙速度

根据牛顿万有引力定理，地球对于其表面的物体自然有引力作用，因此任何物体要想从地球出发进入太空就必须想办法克服这一引力。另外我们还知道，物体要做圆周运动，必须有向心力来平衡离心力。因此，任何物体要想围绕地球运行，就必须满足地球对它的引力与它圆周运动的离心力平衡的条件。

（1）三个宇宙速度

根据圆周运动的公式可知，绕地球做圆周运动的物体必须至少达到一定的速度。该速度就称为第一宇宙速度（又称为环绕速度，图 2-4），是指在地球上发射的航天器绕地球飞行作圆周运动所需的最小初始速度。根据相关计算公式可以得到，如果物体依靠地球引力绕地球表面运行，则最小速度为 7.9 千米 / 秒，该速度即为第一宇宙速度。但实际上，地球表面存在稠密的大气层，航天器不可能贴近地球表面做圆周运动，必须在 150 千米的飞行高度上才能绕地球做圆周运动。在此高度下的环绕速度为 7.8 千米 / 秒。物体在获得这一水平方向的速度以后，不需要再加动力就可以环绕地球运行。环绕地球运行的卫星，随着轨道高度的增加，环绕速度在不断减小，如地球同步静止轨道卫星的轨道高度达到 35786 千米，在该轨道上运行的卫星飞行速度为 3.075 千米 / 秒，但这并不意味着卫星离开地球的速度会减小，为了克服地球引力依旧需要离开地球的速度大于第一宇宙速度。

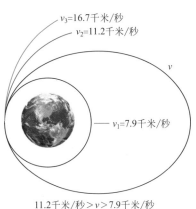

v_3=16.7千米/秒
v_2=11.2千米/秒
v
v_1=7.9千米/秒

11.2千米/秒>v>7.9千米/秒

⬆ 图 2-4 三个宇宙速度

除了第一宇宙速度之外，还有必要了解第二宇宙速度和第三宇宙速度（图 2-4）。

第二宇宙速度，亦即离开地球束缚的逃逸速度，是指在地球上发射的物体摆脱地球引力束缚、飞离地球所需的最小初始速度。根据相关公式计算，该速度约为 11.2 千米 / 秒。

第三宇宙速度，亦即离开太阳束缚的逃逸速度，是指在地球上发射的物体摆脱太阳引力束缚、飞出太阳系所需的最小初始速度。根据相关公式计算，该速度约为 16.7 千米 / 秒。

月球还未超出地球的引力范围，从地面发射的月球航天器，其速度不小于 10.85 千米 / 秒即可。

这样归纳起来，可以看出航天器要想成功环绕地球飞行或飞向其他星球，最为关键的必要条件就是达到一定的速度，否则就无法进入预定的轨道。不少国家也在尝试进行航天器的发射，但很多都没有成功入轨，其原因就是他们发射的航天器没有达到所要求的飞行速度。

（2）获取速度的方式

那如何才能使航天器达到这几个宇宙速度呢？这就需要用到运载火箭。我们知道，火箭是通过向后喷射高温高压气体而产生反作用力前进的。为了使火箭最终达到一定的飞行速度，就需要不断地向后喷射高温高压气体。

理论和实践证明，火箭飞行速度决定于火箭发动机的喷气速度和火箭的质量比。发动机的喷气速度越高，火箭飞行的速度越高；火箭的质量比越大，火箭飞行能达到的速度越高。这里，火箭的质量比是火箭起飞时的质量（包括推进剂在内的质量）与发动机关机（熄火）时刻的火箭质量（火箭的结构质量，即净重）之比。因此，质量比大，就意味着火箭的结构质量小，所携带的推进剂多。当然，现代火箭还有多级，在使用完一级火箭的燃料后，就把这一级火箭抛掉，并启动下一级火箭，这样整个火箭的质量就小了，火箭的加速性能可以得到提高。

在航天器的发射中，运载火箭只是将人造卫星等航天器运输到一定的高度并达到一定的速度，而要去往月球、太阳及其他行星的探测器，还要依靠自带的火箭发动机继续改变其速度的大小和方向进行变轨。由于卫星所携带的燃料有限，在飞往其他行星的途中，为了节省燃料还要向其他行星"借力"进行加速或减速。以水星探测器为例，水星离地球不是很远却要花好几年的时间才能抵达，就是因为要反复向金星、地球借力。

（3）飞往各大行星的最小出发速度

向地球之外的其他行星发射探测器，沿着最小能量航线飞行，所需要的最小速度和航行时间如表2-1所示。

表2-1　飞往其他行星的最小速度及航行时间

目标行星	水星	金星	火星	木星	土星	天王星	海王星
需要速度/（km/s）	11.6	11.5	11.6	14.2	15.2	15.9	16.2
航行时间/a	0.29	0.42	0.71	2.75	6	16	30

前往各大行星的探测器沿最小能量航线飞行，出发日期要隔几个月甚至几年才有1次机会。从地球飞向太阳系的其他七大行星，飞往火星的机会最少，大约相隔2年2个月才有1次；飞往金星的机会大约1年7个月有1次；飞往水星的机会最多，4个月就有1次；飞往木星、土星、天王星和海王星的机会每年1次。

这些探测器如果要返回地球，也不是随便什么时候都可以返航的。飞往火星的探测器要想飞回地球，必须在飞到火星那里后，先成为火星的卫星等待一段时间后，才能离开火星飞回地球；这个等待时间长达 450 天，加上探测器往返地球和火星的时间 519 天，总共需要 969 天。飞往金星的探测器在接近金星后，需要作为金星的卫星停留 475 天，才能返回地球，加上往返地球和金星的时间，总共需要 767 天。去木星的探测器接近木星后，需要作为木星的卫星停留 215 天，才能返回地球，加上往返地球和木星的时间，总共需要 2215 天。

上述航行时间是比较理想的情况，实际中由于各大行星的相对位置在不断变化，探测器往返地球和各个行星的时间往往比这还长不少。水星虽然离地球不算太远，但是要发射探测器成为水星的人造卫星，却并非易事，由于水星离太阳很近，想要克服太阳的拖曳而进入水星的轨道，必须走一条迂回曲折的道路，需要进行多次的减速。2004 年 8 月发射升空的美国"信使"号水星探测器，历时 6 年多才进入水星轨道，成为第一颗进入水星轨道的探测器。自发射以来，"信使"号已多次飞越金星、地球和水星进行减速，在这些"引力辅助"下的机动过程中，大大消耗了"信使"号所携带的燃料，为此"信使"号进入水星轨道后所剩燃料已经非常有限了。

2.3　卫星的轨道

卫星轨道是指从运载火箭与卫星分离开始到卫星返回地面为止，卫星质心的运动轨迹，但通常是指卫星在太空长期运行的轨道。

有些轨道是椭圆形（或圆形）的，具有周而复始性，人造地球卫星在入轨后的运行轨道就是这种；有些轨道则是双曲线形（或抛物线）的，一去不返，如飞往其他行星的轨道。具体的轨道形式取决于卫星 / 火箭分离点的位置和速度。根据分类不同和卫星承担的任务的不同，卫星轨道可以有多种划分方式（图 2-5）。

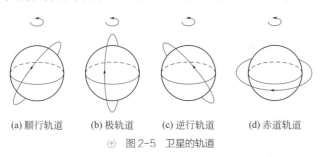

(a) 顺行轨道　　(b) 极轨道　　(c) 逆行轨道　　(d) 赤道轨道

⊙ 图 2-5　卫星的轨道

（1）圆轨道和椭圆轨道

不同的轨道高度有不同的圆轨道速度，如果入轨速度方向和当地水平线平行，且达到相应的速度，就可以形成圆轨道。入轨速度大小和方向，这两个条件只要有一个不满足，就会形成椭圆轨道，严重的甚至不能形成轨道而进入大气层陨毁。因此，实际运动中的卫星轨道没有一条是偏心率正好等于 0 的圆轨道。但是为了设计和计算上的方便，把偏心率小于 0.1 的轨道近似地看作圆轨道或近圆轨道，除此之外都是椭圆轨道。

（2）顺行轨道和逆行轨道

轨道的顺行和逆行是以卫星的飞行方向来区分的。从北极看，凡卫星飞行方向和地球自转方向相同的轨道就是顺行轨道，与此相反的叫逆行轨道。从运载火箭发射方向看，凡向东或东北或东南方向发射的卫星，形成的轨道将是顺行轨道；向西、西北或西南方向发射的卫星将形成逆行轨道。

（3）极轨道与赤道轨道

轨道平面与地球赤道平面的夹角称为轨道倾角（图 2-6）。轨道倾角在 90°附近的轨道叫极轨道。轨道倾角为 0°（顺运行）或 180°（逆运行）的轨道叫作赤道轨道。

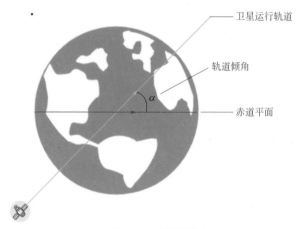

卫星运行轨道

轨道倾角

赤道平面

⤊ 图 2-6　卫星轨道倾角

在极轨道上运行的卫星每圈都经过南北两极，气象卫星、地球资源卫星常采用这种轨道，以便俯瞰包括两极在内的整个地球表面，实现全球覆盖。我国发射的"嫦娥"一号月球探测器采用的就是极轨道。

（4）低轨道、中轨道与高轨道

习惯上，把卫星飞行高度（距离海平面）小于 2000 千米的轨道称为低轨道（又称近地轨道），但考虑到大气阻力的缘故，卫星轨道通常不低于 300 千米。在低轨道运行的航天器轨道周期通常在 2 小时以内。低轨道通常用于地球观察卫星、侦察卫星、遥感卫星，"哈勃"太空望远镜、载人航天器也处于低轨道。载人航天器的轨道高度通常在 300～400 千米。

通常把卫星飞行高度在 2000～35786 千米的轨道称为中轨道，轨道周期在 2 ~ 24 小时。导航卫星、通信卫星、空间环境科学卫星通常都使用中轨道。20000 千米高度的中轨道最为常用，像 GPS 全球定位系统、"伽利略"卫星导航系统、"格洛纳斯"卫星导航系统等的轨道高度就在此附近。

卫星飞行高度大于 35786 千米的轨道称为高轨道，轨道周期大于 24 小时。高轨道通常为通信卫星所使用。

各种轨道的运行高度、运行半径和运行周期如图 2-7 所示。

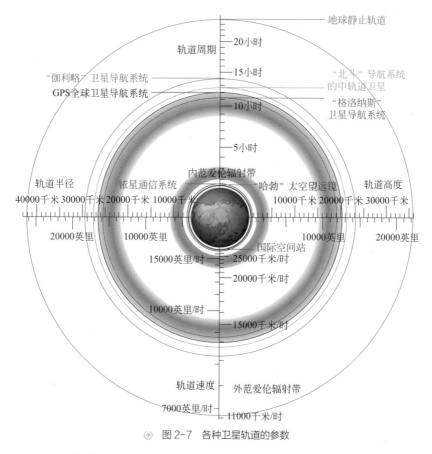

图 2-7　各种卫星轨道的参数

（5）地球同步轨道

运行周期与地球自转周期相同的顺行轨道就是地球同步轨道（图 2-8）。对地面上的观察者来说，每天相同时刻卫星会出现在相同的地方。

如果这种轨道的平面与赤道平面的夹角接近 0°，则在地面上的人看，在这种轨道上运行的卫星是静止不动的，所以称为地球静止轨道，在地球静止轨道上运行的卫星为静止卫星。静止卫星距地面 35786 千米，飞行速度为 3.07 千米 / 秒。

地球同步轨道的精度要求很高，稍有偏差卫星就会漂离静止位置，因此要求卫星必须具有轨道修正能力。

第 2 章　航天器的飞行原理

图 2-8　地球同步轨道与地球静止轨道

地球同步轨道广泛应用于通信卫星、广播卫星、气象卫星、数据中继卫星等方面。一颗静止卫星可以覆盖地球表面约 40% 的面积，因此理论上有 3 颗卫星就能覆盖全球（除两极地区）。

此外，还有太阳同步轨道，在此不作详细介绍。

（6）地球同步转移轨道

地球同步转移轨道是指近地点在 1000 千米以下、远地点为地球同步轨道高度（35768 千米）的椭圆轨道（图 2-9）。

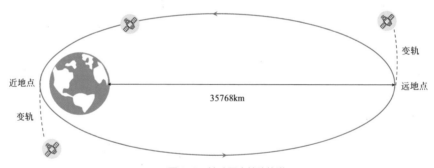

图 2-9　地球同步转移轨道

这种轨道是作为地球同步轨道或地球静止轨道的转移轨道。在发射地球同步卫星时，首先使卫星进入这种椭圆轨道，然后在远地点启动卫星上的变轨发动机，使其变到所需的目标轨道上。

在发射月球飞船时，也可先将飞船发射至地球同步转移轨道，然后在近地点用飞船发动机给飞船加速。由于飞船在地球同步转移轨道的近地点时速度很大，要把它的轨道变为地月转移轨道，只需在近地点提供较小的速度增量，这与将近地圆形停泊轨道变成地月转移轨道相比，大大减小了对速度增量的需求。

在火箭性能方面，常以地球同步转移轨道运载能力作为指标，该运载能力较直接运送至地球静止轨道的数值大。以美国"德尔塔"Ⅳ型重型火箭为例，其地球同步转移轨道运载能力为 12757 千克，而地球静止轨道运载能力仅为 6276 千克（图 2-9）。

此外，还有地月转移轨道和地火转移轨道，在此不作详细介绍。

2.4 卫星轨道的摄动和机动

人造卫星在轨道上运行，一方面会受到外界因素的影响而导致轨道改变，另一方面可以通过调姿火箭向外喷气改变原有轨道。前者称为轨道摄动，后者称为轨道机动。

2.4.1 轨道摄动

人造地球卫星在太空运行中会受到太阳引力、月球引力、其他天体引力、大气阻力、太阳光辐射压力等对其运动的影响。由于这些力远小于地心引力，故将这些力统称为干扰力或摄动力。考虑摄动力作用所得到的航天器运动轨道与不考虑摄动力所得到的（理想）轨道之间存在着偏差，我们把摄动力对航天器轨道的影响称为轨道摄动。

下面对几种摄动力对航天器运行轨道所造成的摄动结果加以描述。

（1）大气阻力摄动

大气阻力直接影响近地轨道卫星和空间站的轨道寿命。由于大气密度随高度的增加而迅速减小，因此大气摄动对航天器轨道的影响也随着运行高度的增加而迅速减小。高度在 160 千米的卫星，其寿命只有几天甚至几圈。对空间站等需长期运行的近地轨道航天器，要定期施加推力，提高轨道高度，保证在完成任务前不致陨落。图 2-10 为大气层对航天器轨道的影响，由于大气阻力摄动的影响，卫星轨道高度不断降低。

（2）地球扁率摄动

由于地球不是圆球体，其内部密度分布也不均匀，因此地球各处对卫星的引力也不相同，这也就存在着地球形状摄动，称为地球扁率摄动。其中，地球

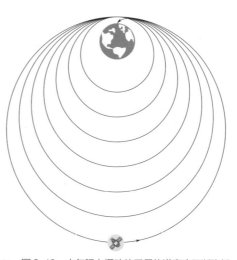

⬆ 图 2-10 大气阻力摄动使卫星轨道高度不断降低

赤道隆起处对卫星运动的影响最大，它是地球形状摄动的主要部分。在这一摄动下，卫星轨道是一个随时都在变化的椭圆，比如地球扁率会使地球静止轨道卫星从静止位置向东漂移。

（3）天体引力摄动

研究航天器绕地球中心运动时，地球引力是主要力，但其他天体（如太阳、月亮）与航天器之间也存在万有引力。这些引力会对航天器轨道产生摄动。对近地卫星可以忽略太阳和月球引力的摄动，但对高轨道卫星，特别是地球同步轨道卫星，太阳和月球引力产生的影响较为显著。如在 2 万千米以上的高空，太阳和月球引起的摄动仍小于地球扁率引起的摄动；但在 5 万千米以上的高空，它们引起的摄动就超过了地球扁率引起的摄动。

（4）太阳辐射压力摄动

在量子力学中，光被看作光子流，它具有一定的动量。光子流作用在卫星表面，形成光压。太阳光压对航天器轨道引起的摄动大小与光压强度、卫星表面积成正比，与卫星质量成反比。当轨道高度高于 800 千米时，太阳辐射压力摄动对大而轻的卫星或带有大型太阳能电池翼的卫星的作用较为显著。太阳光压的长期作用，会引起轨道参数以及卫星姿态的变化。当卫星运行到地球阴影区时，太阳光被地球挡住，太阳辐射压力就消失了。

2.4.2　轨道机动

航天器在控制系统作用下可以按人们的要求使轨道发生改变，也就是说航天器可以从某一已知的轨道运动改变为另一条要求的轨道运动，这种有目的的轨道变动称为轨道机动。轨道可以改变是人造天体与自然天体的最大不同。

航天任务常要求航天器从高轨道转移到低轨道，或从低轨道转移到高轨道，这要依靠轨道机动；当两个航天器交会与对接，或要求军用航天器移动到特定区域执行对地观测任务时，也要依靠轨道机动；消除摄动因素对轨道的影响和消除入轨点运动参数偏差的影响，同样也离不开轨道机动。因此轨道机动包括轨道改变、轨道转移、轨道交会、轨道返回、轨道保持和修正等多个方面。

轨道机动要求航天器安装具有喷气推力装置的轨道机动系统或轨道控制系统。轨道机动所需的推力由动力装置提供，通常采用可以多次点火启动的火箭发动机。

（1）轨道改变

当初轨道与终轨道相交（或相切）时，在交点（或切点）施加一次冲量（开启火箭发动机），即可实现航天器由初轨道转入终轨道，这种情况称为轨道改变（图2-11）。

轨道改变依赖于速度的改变，实际情况中要根据需要选择合适的时机进行变轨。如从地球同步转移轨道转向地月转移轨道时，为了减小能量的消耗，在轨道近地点进行轨道机动是比较经济的，因为在近地点卫星运行速度快，施加不大的速度增量就可以让航天器进入地月转移轨道。

（2）轨道转移

　　当初轨道与终轨道不相交或不相切时，至少要施加两次推力冲量才能使航天器由初轨道进入终轨道，这种情况称为轨道转移（图2-12）。连接初轨道和终轨道的中间轨道，称为过渡轨道或转移轨道。若转移前后的轨道在同一平面内，则称为共面转移；若转移后改变了轨道倾角，则称为非共面转移。发射地球同步卫星、发射月球或行星探测器都要使用轨道转移技术。两个不同高度的同心圆轨道之间最省能量的转移，称为霍曼转移，用于转移的轨道称为霍曼轨道（图2-12）。

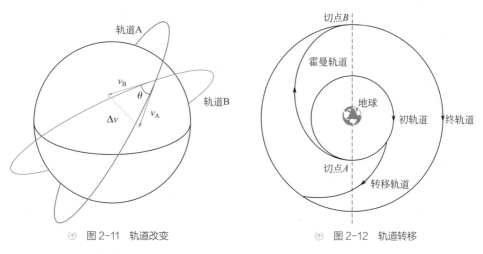

⊕　图2-11　轨道改变　　　　　　　　　⊕　图2-12　轨道转移

（3）轨道交会

　　两个航天器经过一连串轨道机动，使这两个航天器在同一时间、以相同的速度到达空间的同一位置，这就是轨道交会。轨道交会的目的是使两个航天器在结构上连接在一起，实现轨道上的对接。轨道交会和对接常用于飞船与空间站、航天飞机与空间站、航天飞机回收卫星等场合。

　　在与空间站的交会对接过程中，一般把空间站作为目标。空间站是被动的，它沿原定轨道飞行，等待其他航天器来交会对接；飞船和航天飞机是主动的，它们通过轨道机动向空间站靠拢，最后实现对接。

（4）轨道返回

　　航天器从原来运行的轨道向地球返回的过程中，必须经过返回轨道，这种情况称为轨道返回。航天器的返回过程是一个减速过程，航天器从轨道上的高速逐步减速到接近地面时的安全着陆速度。航天器返回时，首先要使它脱离原来的运行轨道，这可以用一个能量不大的制动火箭来实现。当火箭发出一个冲量后，航天器离开原来的运行轨道，转入朝向大气层的轨道，这就是返回轨道。

（5）轨道保持和修正

轨道保持和修正是为了克服某些摄动力的影响和弥补运载火箭的入轨误差，提高轨道的运行精度，使轨道参数限制在设计规定的范围内而进行的轨道机动。例如，地球静止轨道卫星在运行时受到各种干扰力的摄动，会使卫星轨道产生漂移，因此必须进行轨道保持和修正。再比如，全球定位系统（GPS）是由在6条轨道上均匀分布的24颗导航卫星组成，6条轨道之间的间隔和每条轨道上相邻卫星的距离始终要满足一定的要求，这也需要采用轨道保持和修正技术来实现。

2.5 航天器发射入轨

运载火箭从地面起飞到达某一飞行高度和一定的飞行速度才能把航天器送入运行轨道，这段飞行轨迹称为发射轨道。航天器进入运行轨道称为入轨，进入运行轨道时的初始位置称为入轨点，入轨点也是运载火箭最后一级推力终止点。航天器入轨点的运动状态参数（如位置、速度等）决定航天器运行的轨道要素。航天发射的任务是运载火箭在入轨点满足给定的运动状态参数，把航天器送入预定的运行轨道。当航天器的实际运行轨道偏差在设计要求范围内时称为精确入轨。

航天器的发射轨道由若干个动力段和自由飞行段组成，由于入轨高度有一定的要求和出于节省能量的考虑，或为了满足特定的入轨位置要求，各级发动机不是连续工作的，只有在入轨高度较低而且没有入轨位置要求时才采用发动机连续工作的方式。设计运载火箭发射轨道需要满足运载火箭在入轨点的运动状态，从而把航天器送入预定的运行轨道。根据入轨情况不同，运载火箭的发射轨道可分为直接入轨、滑行入轨和过渡入轨三大类型。

（1）直接入轨

直接入轨是指运载火箭的各级发动机逐级连续工作，并按预定程序转弯，发动机工作结束后，运载火箭的角度和速度都已达到入轨要求，完成航天器入轨［图2-13（a）］，其特点是多级火箭连续工作，各级之间没有滑行阶段。这种发射轨道适用于发射低轨道的航天器。

（2）滑行入轨

滑行入轨是指发射轨道由主动段、自由飞行段和加速段组成，即有两个动力段和一个自由飞行段，如图2-13（b）所示。

滑行入轨飞行程序如下：首先是一个主动段，在此阶段火箭从地面起飞，并消耗了它飞行时所需要的大部分能量，然后关闭发动机；接下来进入自由飞行段，这时火箭依靠其所获得的动能在地球引力作用下进行自由飞行，一直到将要与所要达到的轨道相切的位置；最后再次进入一个加速段，这时发动机再一次点火，加速到使火箭达到入轨要求的速度，将航天器送入轨道。

这种发射轨道适用于发射中、高轨道的航天器。这种方式的运载火箭最后一级子级发动机需要有二次启动功能。

（3）过渡入轨

过渡入轨的运载火箭的运动轨迹可分为加速段（主动段）、停泊段、再加速段、过渡段和最后加速入轨段 [图2-13 (c)]。

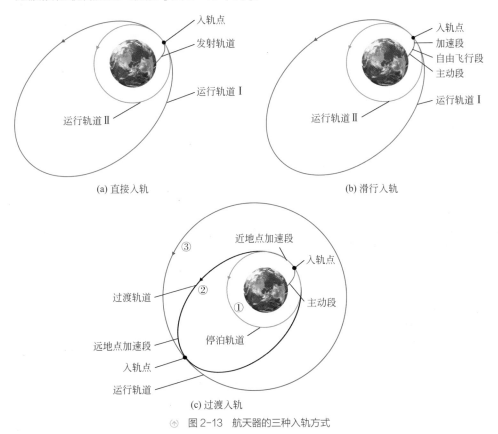

(a) 直接入轨

(b) 滑行入轨

(c) 过渡入轨

⊛ 图2-13　航天器的三种入轨方式

从第一个加速段到停泊段，可以像直接入轨一样经过一个加速段进入围绕地球的停泊轨道（又称驻留轨道），也可以像滑行入轨那样经过两个加速段进入停泊轨道。航天器在停泊轨道上运行时，可以根据对入轨点的要求，选择发动机点火位置使航天器再加速从而脱离停泊轨道，进入一个椭圆轨道，这一椭圆轨道叫作过渡轨道。当达到椭圆轨道的远地点时，发动机再次点火加速，使其达到入轨所要求的速度，使航天器入轨进入运行轨道。

采用停泊轨道的优点在于可以较充分地对停泊轨道进行观测，并且可以任意选择转移轨道的起点，有利于对入轨点的测控。这种发射轨道适用于发射地球静止卫星等。

2.6 登月环月轨道和行星际航行轨道

2.6.1 登月环月轨道

常用的登月轨道是首先将航天器发射到环绕地球的停泊轨道，然后根据停泊轨道的实际轨道参数，选择时机将航天器送入地月转移轨道。当航天器飞到月球引力范围内时，将进入点的速度换算成相对于月球的速度，此速度一般已超过月球的逃逸速度，若不加以控制，航天器将沿着双曲线轨道飞越月球或在月球上硬着陆。为了使航天器进入环月轨道，必须对航天器进行减速，当减速到等于月球的环绕速度时，进入环月飞行轨道。若想在月球上软着陆，可在环月轨道上启动制动火箭，离开环月轨道向月面降落，并利用减速装置和缓冲装置实现软着陆。图2-14为"嫦娥"一号的登月环月轨道。

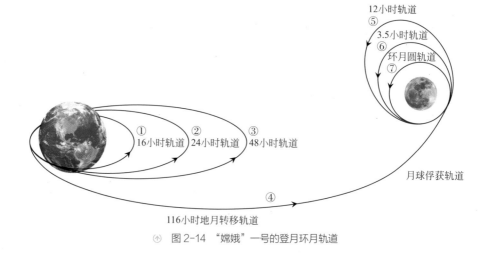

↑ 图2-14 "嫦娥"一号的登月环月轨道

2.6.2 行星际航行轨道

航天器脱离地球引力进入太阳系航行，称为行星际航行，若脱离太阳系引力到恒星际航行，则称为星际航行。目前人类航天器的航行仅限于在太阳系内的行星际航行。

行星际航行轨道可分为靠近目标行星飞行的飞越轨道、环绕目标行星飞行的行星卫星轨道、在目标行星表面着陆的轨道、人造行星轨道（日心轨道）和飞离太阳系轨道。

发射探测行星或太阳的航天器时，一般先要进入绕地球飞行的停泊轨道。在这一轨道上飞行时，测控站计算飞向行星的最佳路线和出发时间，然后，航天器加速，以相对于地球的逃逸速度，沿双曲线轨道，脱离地球引力作用进入日心轨道，成为人造行星。此时，航天器相对于地球的逃逸速度应换算成相对于绕太阳飞行的人造行星轨道速度。

航天器沿日心轨道飞行，到达某个行星的引力作用球（行星的引力作用范围）边界时，航天器的日心轨道速度要换算成相对于该行星的飞行速度，这个速度也达到了对应于该行星的逃逸速度。航天器以双曲线轨道在该行星作用球内飞行。如果双曲线轨道和行星相遇，则航天器将与行星相撞，产生硬着陆。

为了使航天器能长期对行星进行探测或在行星上实现软着陆，就必须使航天器减速，达到围绕该行星飞行的椭圆（或圆）轨道速度。这样航天器就能被行星引力场捕获，成为该行星的人造卫星，它运行的轨道就是行星卫星轨道。根据任务需要，航天器也可进行轨道机动或降低轨道高度，以利于在航天器上拍摄行星照片或向行星释放小型着陆舱等。

如果要在行星上着陆，可先从航天器上分离着陆舱，着陆舱脱离行星卫星轨道向着行星表面飞行。此后，启动着陆舱上的动力减速装置或利用行星大气阻力减速，最终实现在行星上软着陆。着陆过程中和着陆后的探测数据可通过在行星卫星轨道上运行的航天器发回地球。

此外，也可利用行星引力场助推，使航天器进一步加速，掠过这颗行星，飞向另外一颗行星。甚至经过几次引力场助推后，使航天器获得脱离太阳系的速度，飞离太阳系。

2.7 航天器的回收

2.7.1 航天器回收方式

航天器的回收可以选择陆地降落（图2-15）、海面溅落（图2-16）和在空中直接钩取（图2-17）三种方式，因此有相应的陆上回收系统、海上回收系统和空

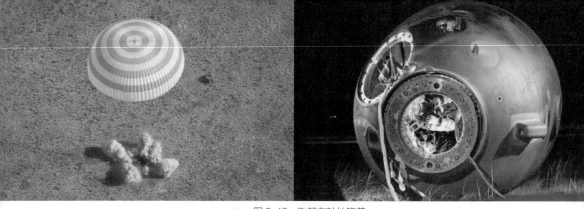

图 2-15　飞船在陆地降落

图 2-16　飞船在海面溅落

图 2-17　直升机空中钩取返回式卫星

中回收系统。

航天器经专门的减速装置减速后，以一定速度安全着陆，称为软着陆；未经专门减速，直接撞地着陆，称为硬着陆。回收系统是实现软着陆的有效手段，常称软着陆系统。按系统所采取的减速装置分为：降落伞着陆系统，降落伞 – 缓冲火箭着陆系统，降落伞 – 缓冲气囊着陆系统。

2.7.2　航天器回收系统

载人飞船、成像侦察卫星、生物卫星等返回型航天器返回舱再入大气层后，下降到 20 千米左右的高度时达到稳定下降速度的状态。如果不进一步采取减速措施，返回舱就会以相当大的速度（约 150 ~ 300 米 / 秒）冲向地面。

返回舱一般选用钝头再入体的气动外形，这类返回舱在亚声速区是不稳定的，表现出大幅度的摆动、旋转甚至翻滚。随着飞行高度的降低和速度的进一步减小，这种姿态的不稳定性越趋严重。载人飞船的这种不稳定性会使舱内的航天员头晕，引起黑视甚至晕厥。

回收系统就在这个临界时刻开始工作，展开气动力减速装置使返回舱在亚声速区保持姿态稳定，然后逐级展开气动力减速装置使返回舱有控制地进一步减速，直至以一定速度安全着陆。与此同时，回收系统不断发出信标信号和释放显迹标记，使地勤人员易于发现，及时找到等待回收的航天器。

载人飞船和返回式卫星等航天器所采用的回收系统基本是相同的，但对于载人飞船来说，要求回收系统有更高的可靠性和更小的着陆速度。载人飞船的回收系统包括

① 气动力减速分系统：航天器都用降落伞作为减速装置（图2-18），一般由二级降落伞组成气动力减速分系统。第一级为稳定伞，作用是保证返回舱在亚声速区的稳定性，并使返回舱初步减速，为开主伞创造条件；第二级为主伞（图2-19）。

⊕ 图2-18　采用降落伞对飞船进行减速回收

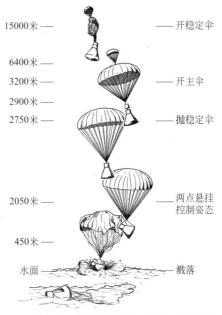

⊕ 图2-19　美国"双子星"飞船降落伞系统

② 着陆缓冲分系统：为保证返回舱结构的完整和航天员的安全，必须尽可能减小返回舱着陆冲击过载。常用的缓冲装置有缓冲火箭（图2-20）、缓冲气囊（图2-21）和其他缓冲结构。

③ 标位分系统：航天器返回时落点有一定的散布范围，所以在返回舱上装有多种标位装置，通过光、声、电波等多种途径帮助地勤人员及时标定返回舱的落点位置。

④ 控制与作动分系统：它的作用是控制和执行各种回收动作。

⊕ 图2-20 飞船使用火箭缓冲器着陆

⊕ 图2-21 飞船使用缓冲气囊着陆

回收系统不仅有正常回收程序，而且备有应急回收程序。飞船回收程序不仅能自动控制，还可由航天员直接手动控制。

2.7.3 航天器回收区和着陆场

航天器回收区通常分为陆上回收区和海上回收区两种。陆上回收区根据航天器运行轨道特点，必须具备四个条件：一是航天器必须从这个地区上空多圈次通过；二是场地要开阔；三是地势要平缓，地表要足够坚硬；四是天气状况要好。海上回收区选在海况较好、附近岛屿设有测控站的海域。

在载人航天飞行中，为了确保航天员和航天器安全顺利返回地面，要在回收区建设相应的着陆场。世界各航天大国根据各自的国情和载人航天工程的特点，建设适合本国载人航天返回的着陆场。

苏联/俄罗斯载人航天主着陆场设在拜科努尔发射场东北部的草原上，这里东西绵延数千千米、人烟稀少，自然条件适宜飞船回收。

美国的肯尼迪航天中心主着陆场位于佛罗里达州卡纳维拉尔角，创建于1949年，当时创建的目的是发射试验远程导弹。美国爱德华兹空军基地位于洛杉矶东北部沙漠中，是一个综合性航空基地；由于位于沙漠中，气候干燥少雨，因此它被选作航天飞机着陆第一后备机场。

我国"神舟"飞船的主着陆场在内蒙古中部四王子旗。这里海拔1000～1200米，地势平坦开阔、人烟稀少，适宜飞船着陆回收。

2.7.4 航天器在再入大气层中烧毁

自从第一颗人造地球卫星发射上天后，人类已经发射了近万颗航天器，其中约有90%都是人造卫星，这些航天器大部分分布在距离地表300～1000千米的近地轨道上。在它们完成工作任务、寿命到期后，就会在万有引力的作用下不断脱离原本运行的轨道，成为太空垃圾（图2-22），它们因轨道衰减而逐渐向地球靠拢，

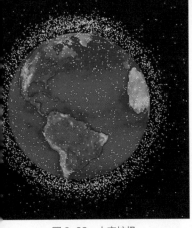

⬆ 图2-22 太空垃圾

⬆ 图2-23 航天器在再入大气层过程中焚毁殆尽

最终在进入大气层的过程中焚毁殆尽（图2-23）。

　　有人担心坠入大气层的航天器会对人产生伤害，但这一担心完全是多余的。事实上，从20世纪60年代到现在，共计约有15000吨以上的航天器残骸坠落回地球，但从未伤害到人口密集地区的居民。如约20吨的苏联"礼炮"系列空间站、约77吨的美国"天空实验室"空间站、约140吨的苏联"和平号"空间站、约8吨的我国"天宫"一号空间站，在完成任务后都最终在再入大气层过程中烧毁，都没有对人类造成危害。

　　航天器从进入大气层到最终解体分为三个阶段：大型设备分离解体、航天器解体、碎片烧尽。结合地面测控系统和对进入大气层航天器参数的了解，可以对这些重返地球的航天器的轨道进行粗略预估从而达到掌控的目的。

　　（1）大型设备分离解体

　　通常认为大气层的高度为距离地球表面100千米左右，当坠落的航天器降到这一高度时，安装在航天器外部的太阳能电池板、大型天线等设备就会开始被密度逐渐增加的大气所阻隔撕扯。在强大的阻力作用下，这些大的部件会从航天器的主体结构上不断脱落。不过，这些部件绝大部分最终都不会落到地面，而是在大气层中被烧蚀掉。

　　（2）航天器解体

　　随着坠落航天器高度的进一步降低，在到达距地面约80千米的高空时，剩余的航天器受到气动摩擦的作用会越来越明显，气动加热非常严重，在高温和大气阻力的双重作用下，航天器的主体将会发生严重的解体，内外部设备将会分离，解体后的碎片会在坠落的过程中被持续地烧蚀加热。如果航天器在经历这一阶段的过程中依然携带有剩余的燃料，那么由此引发的爆炸将会进一步加快航天器的解体和燃烧的速度。

　　（3）碎片烧尽

　　解体后的航天器碎片继续下落，它们继续受到气动热和气动力的双重作用而不断燃烧熔化，其中绝大部分都会在到达地表之前烧毁殆尽，不会对人类产生影响（图2-24）。只有极少量的碎片最终会落在地面上：一是少量难以被烧蚀掉的部件；二是一些质量较小的碎片。它们在烧尽前就已经将速度降到很低，最终飘落到地面。

⊕ 图2-24 航天器再入大气层后绝大多部分在到达地表之前烧毁殆尽

2.7.5 返回式航天器的热防护

返回式航天器再入大气层时与大气的相对速度很大，由于气动摩擦和空气压缩等，气动加热非常严重，飞行器的表面温度急剧增高，甚至远远高于人员和设备所能承受的温度。

当航天器从空间再入大气层时，速度非常快，温度也非常高，最高可达几千摄氏度。图2-25为美国"阿波罗"载人飞船指挥舱的表面温度分布，它的头部温度高达2800℃。由于载人飞船再入大气层经历的时间很短，只有一分多钟，因此加热的时间也很短，常采用烧蚀法来进行防热。

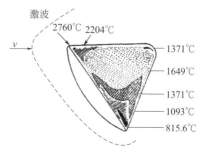

⊕ 图2-25 "阿波罗"指挥舱表面温度

所谓烧蚀法就是选择一些产生相变时吸热量大的材料作为烧蚀材料，把它覆盖在飞行器表面来防止飞行器被烧毁的一种方法。烧蚀材料可以选用石墨和陶瓷等，它们在高温下发生热解和相变（固→液、固→气、液→气）时能够吸收大量的热，边烧蚀边带走热量。在烧蚀过程中产生的气体包围着物体也能起到一定的隔热作用。但是烧蚀法中的烧蚀防护层用一次就烧掉了，对于不重复使用的飞船、卫星等可以采用，但对于重复使用的高超声速飞机以及航天飞机等，需要严格控制飞机外形，此时烧蚀法就不再适用了。

美国航天飞机是飞行于近地轨道和地面之间的可重复使用的运输工具。航天飞机的气动加热效应在再入段比上升段要严重得多，但与飞船相比，其热量要低得多。这是因为航天飞机有大面积的机翼，并以大迎角再入时能产生较大的阻力，因此在比较高的空中就开始减速，这样大大减小了气动加热效应。航天飞机表面的温度分布如图 2-26 所示，根据表面温度的不同，可以分成四个区域，不同的区域可以采用相应的可以重复使用的防热材料（图 2-27）。如机身头部和机翼前缘，温度最高，可采用增强碳 - 碳复合材料（RCC），其可重复使用的温度达 1593℃；机身、机翼下表面前部和垂直尾翼前缘，温度较高，可采用高温重复使用的防热 - 隔热陶瓷瓦（HRSI）；机身、机翼上表面和垂直尾翼，气动加热效应不是特别严重，可采用低温重复使用的防热 - 隔热陶瓷瓦（LRSI）；机身中后部两侧和有效载荷舱门处，温度相对较低（约 350℃），可采用柔性的、重复使用的表面隔热材料（FRSI）。为了有效地解决防热问题，对于温度最高的区域还要采取其他的措施，如采用热管冷却、强制循环冷却和发汗冷却等措施，以确保航天飞机的安全。

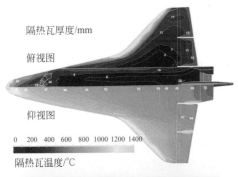

隔热瓦厚度/mm

俯视图

仰视图

0 200 400 600 800 1000 1200 1400

隔热瓦温度/℃

加强碳-碳复合材料

可复用高温隔热瓦

可复用低温隔热瓦

芳纶毛毡隔热涂层

金属/玻璃

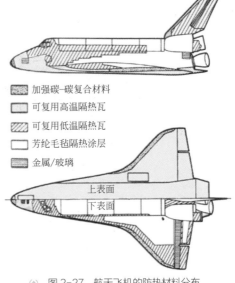

上表面

下表面

⊕ 图 2-26　航天飞机表面的温度分布　　　　⊕ 图 2-27　航天飞机的防热材料分布

2.8 亚轨道飞行

亚轨道飞行是相较于轨道飞行来说的。通常认为，亚轨道飞行是指在距地面35～300千米的高空进行飞行。在亚轨道飞行仍然会受到地球引力的牵引，但在一定时间内可以体验到失重的感觉。300千米以上高度的飞行就被认为是轨道飞行，国际空间站的运行轨道高度在400千米左右。亚轨道飞行与轨道飞行的最大区别在于亚轨道飞行不能环绕地球一周。

亚轨道飞行主要用于弹道导弹与太空旅游。弹道导弹由于需要落回地面而使用亚轨道，因此亚轨道又被称为弹道轨道；而太空旅游为了节约成本，减少发射时燃烧的燃料，也使用亚轨道飞行。美国"水星"计划的最初几艘飞船也进行了亚轨道飞行，为后来的轨道飞行打下基础。

1961年5月5日，美国的"水星"3号飞船升空，这是美国首次发射载人飞船到太空飞行，也是人类的第一次亚轨道飞行。

近年来，最为著名和成功的亚轨道飞行器要算美国私人公司 Scaled Composites 公司制造的"太空船"1号（实际上算飞机，图2-28）。该飞行器使用混合式固体火箭引擎，于2004年6月首飞成功，此后还成功地进行了载人飞行。"太空船"1号和航天飞机不同，是先由另一架"白色骑士"号飞机（图2-29）载上高空（15000米左右），接着它的火箭发动机点火工作；80秒后飞行速度达到3倍声速，此时，发动机熄火，"太空船"1号利用惯性飞行上升到100多千米的顶点；然后下落，再入大气层，在大气层中滑翔；最后在机场水平着陆，完成载人亚轨道飞行。在整个飞行期间，"太空船"1号大约有200秒处于失重状态。其运行轨迹示意如图2-30所示。

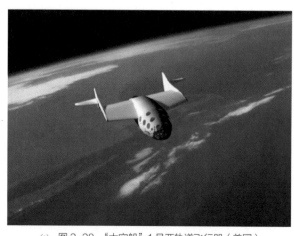

⊕ 图2-28 "太空船"1号亚轨道飞行器（美国）

⊕ 图2-29 搭载着"太空船"1号（下）的"白色骑士"飞机（美国）

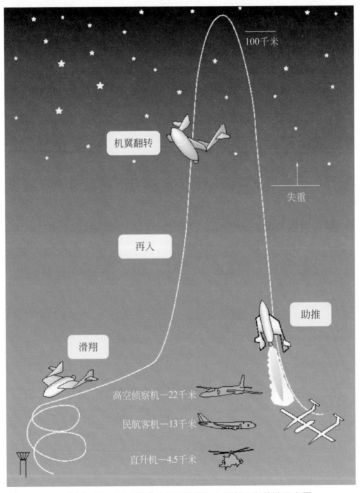

⊕ 图2-30 "太空船"1号亚轨道飞行器的飞行轨迹示意图

2.9 空间飞行环境

空间飞行环境是一个失重、低温、真空、强辐射的极其严酷的综合环境，这对人类征服太空来说是一个严峻的挑战。

当航天器在外太空飞行时，它们的重量都不见了，这种现象称为"失重"。太空本身是没有温度的，它所表现出来的只是太空中物体的温度。当航天器在太空中飞行时，没有空气传热和散热，所以受到阳光直射的一面温度可高达 100℃以上，而背阴面温度则可能低至 −200 ~ −100℃。

在距离地面 50 千米以内的空间里，集中了大气中 99.9% 的气体。同时，随着高度的增加、大气密度的下降，大气压也在逐渐降低。有数据显示，距地面 100 千米左右高度的大气压只有地面上大气压的百万分之一，接近真空状态。

在太空中，不仅有宇宙大爆炸时留下的辐射，还有各种天体向外辐射出的电磁波，许多天体还向外辐射高能粒子，形成宇宙射线。例如，人们把太阳上发生耀斑现象时所发射出的高能带电粒子流称为太阳粒子辐射，将它辐射出的射电波、红外光、可见光、紫外线、X 射线等统称为电磁辐射。许多天体都有磁场，可以俘获高能带电粒子，并因此形成辐射很强的辐射带，如地球的上空就有内、外两个辐射带。

2.9.1 地球大气层

地球的大气层是航空活动的范围，也是航天活动必经的空间环境。

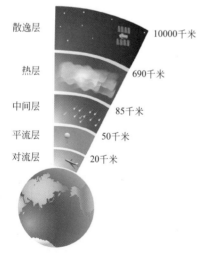

散逸层　　10000千米

热层　　690千米

中间层　　85千米

平流层　　50千米

对流层　　20千米

⊕ 图2-31 大气层组成

地球大气层指距地面 120 千米之内的空间，通常把 120 千米以外的空间叫外层空间。地球大气层环境按大气温度随高度的分布和其他物理特性，可划分为对流层、平流层（又称同温层）、中间层、热层和散逸层（图 2-31）。

对流层是大气层中最低的一层，其高度因纬度而不同，在低纬度地区平均高度为 17 ~ 18 千米，在中纬度地区平均为 10 ~ 12 千米，在极地平均为 8 ~ 9 千米，并且夏季高于冬季。这里集中了全部大气 3/4 的质量和几乎全部的水汽，天气变化最复杂，如雷暴、浓雾、雨雪、大气湍流、切变风等重要天气现象都出现在这一层，这些天气现象对火箭发射、升空飞行都会有很大影响。

另外，在 50 千米以上、几千千米以下的空间，在太阳紫外线、X 射线、微粒辐射的影响下，高层大气经常处于电离状态，大气的电离层会对航天器的无线电通信产生不利影响。

2.9.2 地球行星空间和行星际空间环境

太阳系有八大行星，由里到外依次为水星、金星、地球、火星、木星、土星、天王星和海王星；它们都在各自的轨道上绕太阳运行（图 2-32）。

⊕ 图 2-32 太阳系的行星

围绕行星运行的天体称为卫星，月球是地球唯一的天然卫星；除水星、金星没有卫星外，其他行星都有卫星，有的甚至有几十颗卫星。除行星和卫星外，太阳系还有许多小行星和彗星。这些天体不仅是航天器造访的对象，而且因为它们的环境各不相同，对航天器的探测飞行都有不同的影响。

地球大气层以外地球周围的空间，叫作地球行星空间。太阳系各行星之间的空间，称为行星际空间。

在这样的空间环境中，除高真空、超低温和微流星体外，还有太阳电磁辐射、太阳宇宙线和太阳风（图 2-33）等。地球磁场的磁层俘获太阳发出的高能粒子形成地球辐射带，太阳产生耀斑时由高速太阳风引起磁暴和强烈的 X 射线。这些现象都

⊕ 图 2-33 太阳风

会对航天活动产生很大的影响。

2.9.3　太阳环境

太阳是个炽热的火球，从内向外分为内部结构（含日核、辐射层、对流层）和大气层。太阳的大气层由里往外分为光球层、色球层和日冕层（图2-34）。

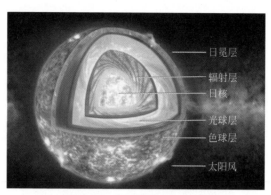

日冕层

辐射层

日核

光球层

色球层

太阳风

⊕ 图2-34　太阳的内部结构和大气层

光球层上有一种气体活动现象，导致温度较低的暗淡"黑子"成群出现，其数量不稳定，会向外喷射高能粒子，剧烈时能引起地球磁场爆发、电离层扰动和气候变化。色球层会发生"耀斑爆发"现象，产生大量紫外线、X射线、γ射线和高能带电粒子。日冕层的冕洞不断向外喷射高温磁化粒子，这些带电粒子形成强劲的"气流"即很强的太阳风。这些强辐射高能粒子对航天器和航天员都会造成不利的影响。

2.10　航天器的姿态控制

为了对航天器的轨道进行调整，需要把航天器发动机推力方向调到所需要的方向；为了执行任务，卫星上的仪器需要向某个天体定向；为执行不同任务，卫星需要由一种姿态转移到另一个姿态。这些过程称为姿态控制。

姿态控制方式有两类，分别是被动式姿态控制和主动式姿态控制。

不消耗卫星自身能源而进行的姿态控制称为被动式姿态控制，包括重力梯度稳定和自旋稳定。

消耗卫星自身能源的控制称为主动式姿态控制，包括喷气控制、零动量轮控制、偏置动量轮控制、陀螺力矩器控制和混合式控制。

亮点小知识：借卫星观测哈雷彗星

1978 年 8 月 12 日，美国在航天专家罗伯特·法夸尔的主持下，发射升空了"国际日地探险者"Ⅲ号卫星，用于探测太阳粒子。这颗卫星运行 5 年后即将退役，恰好遇上国际上的哈雷彗星观测热潮——这颗全世界最著名的彗星时隔 76 年就要在 1986 年回归地球。苏联/俄罗斯、欧洲和日本都争相发射了彗星探测器，而美国的探测计划则由于预算没有批准而搁浅。

突然有一天，罗伯特向美国航天局（NASA）提出了借"国际日地探险者"Ⅲ号卫星的要求，他打算通过多次变轨和向月球借力的方式让该卫星进入观测哈雷彗星的轨道（图 2-35）。该要求遭到当时很多专家的反对，但考虑到该卫星已经完成了既定任务，最终得到了 NASA 的批准。

1985 年的 9 月，在世界上其他所有国家发射的卫星到达哈雷彗星之前，这颗卫星就已经在途中穿越并探测了另外一颗彗星，1 年后该卫星又成功探测了哈雷彗星。因为罗伯特设计的这条轨道正好能穿越两颗彗星的彗尾。这颗卫星也被改名为"国际彗星探险者"。

在完成彗星探索计划后，罗伯特又设计了另一条更为复杂的轨迹，让"国际彗星探险者"时隔 31 年后回归地球。

⊕ 图 2-35　美国航天专家罗伯特·法夸尔和他借走的卫星

第3章
火 箭

火箭是人类进行太空探索的必备工具。人类想要翱翔于太空，在浩瀚的宇宙中航行，必须有能帮助人类摆脱地球引力的工具，该工具就是火箭。本章将主要介绍火箭的定义与分类、运载火箭的结构与功能、国内外著名运载火箭和火箭发展及展望等。

3.1 火箭的定义与分类

3.1.1 火箭的定义

（1）现代火箭

现代火箭是一种高速向后喷出热气流，利用产生的反作用力向前运动的喷气推进装置（图3-1）。它自身携带燃烧剂与氧化剂，不依赖空气中的氧气助燃，既可在大气中飞行，又可在外层空间飞行。现代大型火箭可以用来发射卫星、飞船、航天飞机、空间站，称为运载火箭。

世界各国研制了20多个系列140多种大、中、小型运载火箭，尺寸和载荷能力大小各异（图3-2）。最小的运载火

↑ 图3-1 现代火箭

图 3-2　世界各国的火箭

箭是美国的"先锋"号，起飞质量仅为 10.2 吨，起飞推力为 120 千牛，只能把 25 千克的有效载荷送入近地轨道。最大的运载火箭是美国的"土星"5 号和苏联的"能源"号，前者的起飞质量为 2946 吨，后者的起飞质量为 2400 吨；前者的起飞推力为 34029 千牛，后者的起飞推力为 34833 千牛；前者可以把 120 吨的有效载荷送入近地轨道，多次成功地把"阿波罗"载人飞船送入月球轨道，后者可以把 105 吨的有效载荷送入近地轨道。

现代火箭如果用于投送武器战斗部则称为导弹，所以从外观上看不出来火箭和导弹的明显区别。

（2）古代火箭

中国是古代火箭的故乡（图 3-3）。早在现代火箭出现之前，中国古代就有了"火箭"一词。在宋代，中国人把装有火药的桶绑在箭杆上或在箭杆内部装上火药，点燃引信后射出去，箭在飞行的过程中借助火药燃烧向后喷火所产生的反作用力使火箭飞得更快、更远，人们把这种喷火的箭叫作"火箭"。古代火箭是现代火箭的雏形，其飞行原理与现代火箭一致，而现代火箭相比于前者则更庞大、更复杂、更系统、更先进。

⊕ 图 3-3 中国古代火箭

3.1.2 火箭的分类

火箭有许多种分类方法，侧重点不同其分类方法也有所不同（图 3-4），下面介绍几种分类方法。

（1）按使用能源分类

分为化学火箭和非化学火箭。化学火箭又分为液体推进剂火箭、固体推进剂火箭及固液混合推进剂火箭。非化学火箭分为核火箭、电火箭、光子火箭。

① 化学火箭 化学火箭是指利用燃烧剂和氧化剂剧烈反应产生大量的高温高压气体向后喷出而获得反作用推力的火箭，是目前使用最多的火箭。

对于化学火箭而言，火箭发动机使用的推进剂有两种形式，一种是液态物质，另一种是固态物质。燃烧剂和氧化剂都是呈液体形态的发动机称为液体燃料火箭发动机，对应的火箭称为液体推进剂火箭（简称液体火箭，图3-5）；两者都是呈固体状态，则称为固体燃料火箭发动机或固体推进剂火箭（简称固体火箭，图3-6）。如果在两种燃料中，一种为固体，一种为液体，则称为固-液混合火箭发动机或混合推进剂火箭（图3-7）。

对于液体火箭发动机，按所用推进剂组元（成分）数目的不同，可以分为单组元、双组元和三组元液体火箭发动机。增加组元使系统复杂，而单组元的推进剂一般能量低，单位质量燃料产生的推力较小，因此目前常用的是双组元推进剂。

固体火箭发动机具有结构简单、操作简单、可长期储存等优点，但推力较小、不能实时调节且重新启动困难大。液体火箭推力大且可实时调节，但不能长期储存。

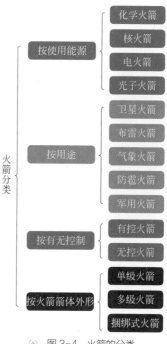

↑ 图3-4　火箭的分类

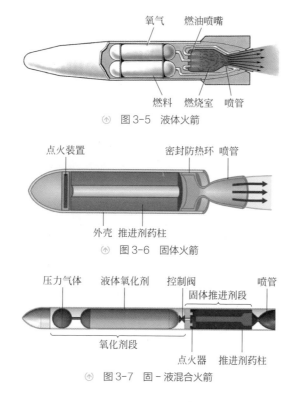

↑ 图3-5　液体火箭

↑ 图3-6　固体火箭

↑ 图3-7　固-液混合火箭

② 核火箭 核火箭的发动机利用核反应或放射性物质衰变释放出的能量加热工作介质，工作介质通过喷管高速排出，产生推力，使航天器高速飞行（图3-8）。

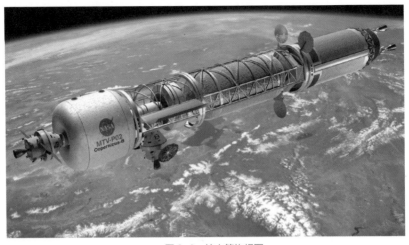

⤴ 图3-8 核火箭构想图

③ 电火箭 电火箭是正在发展中的新技术，属于非常规推进系统，也称为电推进火箭。它是借助电能使工作介质离解成为带电粒子，再通过加速这种带电粒子流来获得推力。它的排出速度很高，可达几十千米/秒、几百千米/秒，甚至更高。

④ 光子火箭 光子火箭发动机的主要部件是一面直径达几十平方千米的巨大凹面反射镜（图3-9）。发动机工作时，将正氢离子和反氢离子引到凹面镜的焦点处，它们在那里相遇湮灭，产生光子。向各个方向发射的光子，经过反射镜的反射，形成一股向后喷射的光子流，它们的反作用力推动飞船加速飞行。目前这种火箭发动机仍然停留在探索研究阶段。

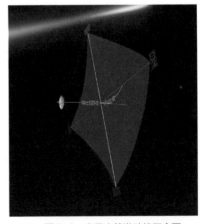

（2）按用途分类

分为卫星火箭（运载火箭）、布雷火箭、气象火箭、防雹火箭及各类军用火箭。

（3）按有无控制分类

分为有控火箭和无控火箭。

⤴ 图3-9 光子火箭发动机概念图

（4）按火箭箭体外形分类

可以分为单级火箭、多级火箭和捆绑式火箭。按照现代火箭发动机的性能和运载火箭的结构水平，单级火箭所能达到的飞行速度一般不超过6.0千米/秒，达不到进入地球轨道的最低速度要求，因此目前世界各国都是用多级火箭发射人造地球卫星、飞船和空间探测器等航天器。

多级火箭在各级之间的连接方式有串联、并联和串并联3种（图3-10）。串联就是把几枚火箭串联在一条直线上；并联就是把一枚较大的单级火箭放在中间，称为芯级，在它的周围捆绑多枚较小的火箭，一般叫作助推火箭或助推器，也就是助推级；串并联式多级火箭是指芯级也是一枚多级火箭的并联式火箭。

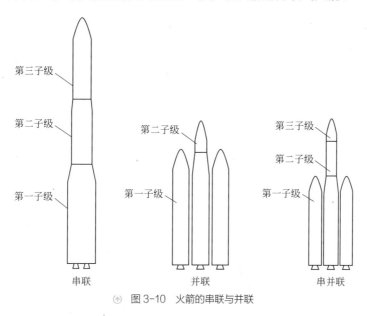

⊕ 图3-10 火箭的串联与并联

3.1.3 火箭的性能指标

火箭发动机通常用推力、总冲、比冲来表示其主要性能指标。

（1）推力

推力的定义与前面所述相同，只是喷气发动机只能在空气中工作，而火箭发动机还能在真空情况下工作。

（2）总冲

发动机的总冲即发动机在整个工作过程中能够产生的动量（冲量）。它取决于推力的大小和工作时间。推力越大，工作时间越长，总冲越大。

（3）比冲

比冲是指发动机燃烧单位质量推进剂所产生的冲量。比冲是火箭发动机另一项重要的性能参数，一方面，当发动机的总冲一定时，比冲越高，则发动机所需推进剂的质量越小，因此发动机的尺寸和质量都可以减小；另一方面，若推进剂的质量给定，比冲越高，则发动机总冲就越大，因此可以使火箭的射程或有效载荷相应地增加。比冲的单位和速度单位一致。固体火箭发动机的比冲约为

2500 ～ 3000 米 / 秒，而液体火箭发动机的比冲高的可达 4500 米 / 秒。

3.2　运载火箭的结构与功能

运载火箭的任务是将航天器送入地球轨道。运载火箭从结构上大致可以分为两部分：一部分是火箭本体，另一部分是箭上和地面分系统。

3.2.1　火箭本体

火箭本体包括箭体结构、推进系统及制导系统。

（1）箭体结构

火箭的箭体结构，也就是火箭壳体，称为结构系统（图 3-11）。它的作用是安装有效载荷、飞行控制系统及动力装置，并使它们连接成一个整体。有效载荷舱如图 3-12 上部所示。

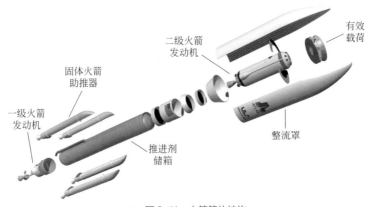

⊕　图 3-11　火箭箭体结构

箭体结构通常被做成流线型的光滑外壳，以使火箭具有良好的空气动力学外形及飞行性能。火箭存放时，结构系统支承着火箭各部分的重量；火箭发射时，结构系统支承着竖立在发射台上的包括推进剂在内的整个火箭的重量；在地面操作、运输和飞行过程中结构系统还承受着火箭内部和外部的各种力，保护箭体内部的仪器设备并为它们创造良好的工作环境。

固体火箭和液体火箭的箭体结构略有不同。液体火箭的箭体结构主要包括有效载荷、整流罩、仪器舱、氧化剂储箱、燃料储箱、级间段、发动机推力结构、尾舱和分离结构等。而固体火箭的箭体结构大部分由发动机的外壳构成，结构比较简单，但在结构原理和作用上与液体火箭发动机的箭体结构基本相同。

（2）推进系统

火箭的推进系统也就是火箭的动力装置，是指火箭上产生飞行动力和其他辅助动力的设备，主要包括火箭发动机和推进剂输送系统，或者直接称为火箭发动机，它使火箭获得进入宇宙的飞行速度。

火箭发动机自带推进剂，不依赖外界空气，其最大特点是在没有空气的太空中也可以工作。它自带燃料（燃烧剂）和氧化剂，两者合起来就是推进剂。推进剂在发动机燃烧室中燃烧，形成高温高压燃气，从尾部喷管中膨胀高速喷出产生反作用力，推动火箭向前飞行。

液体火箭发动机由推力室、推进剂供应系统和发动机控制系统组成。固体火箭发动机由燃烧室、喷管和点火装置组成。

液体和固体火箭发动机各有优缺点。液体火箭发动机的效能高，工作时间长且可以多次启动，推力大小和方向调节控制简单，但是结构较为复杂，推进剂不能长期储存；固体火箭发动机效能较低，工作时间短，不能多次启动，推力大小和方向调节控制较难，但结构简单，工作可靠，推进剂可以长期储存，操作方便。因此，固－液混合也是一种重要的火箭发动机种类。

（3）制导系统

火箭的制导系统包括导航系统、姿态控制系统、电源配电系统、测试发控系统。前三种系统安装在火箭上，统称火箭的飞行控制系统；后一种系统安装在地面上。

导航系统用于控制火箭发动机准时点火、关机和火箭各级之间的分离。

姿态控制系统用于矫正火箭在飞行过程中的俯仰、偏航和滚动偏差，保持火箭正确的飞行姿态。

电源配电系统用于给制导系统的仪器设备配电供电，按火箭飞行的先后工作程序发出时间顺

⊕ 图 3-12 "阿丽亚娜"运载火箭顶部的有效载荷舱的内部构造（欧洲）

序指令，控制火箭工作状态的变化。

测试发控系统用于在发射前通过火箭与地面的通信，对火箭控制系统的各种性能数据、箭体和发动机系统的电气部分进行检查测试，也可将飞行参数向箭上设备上传；发射时对火箭实施发射控制。

3.2.2 箭上和地面分系统

箭上和地面分系统包括安全系统、遥测系统及外弹道测量系统等，发射运送载人飞船的运载火箭还应该有逃逸等系统。

（1）安全系统

安全系统是在火箭飞行中保障火箭安全的系统。当火箭在飞行中出现故障或落点出现偏差而危及地面安全时，安全系统会对火箭实施控制，终止火箭的动力飞行并将其在空中炸毁。

（2）遥测系统

遥测系统是地面和火箭之间的通信系统。遥测系统把火箭飞行过程中各个系统的工作性能参数、各个部位环境条件参数及飞行故障参数，通过无线电多路通信的方式传到地面，为鉴定和改进火箭及分析故障提供依据。

（3）外弹道测量系统

外弹道测量系统可以对飞行中的火箭进行不断观测，以测定它的运动参数，主要有天线、雷达应答机等。

（4）逃逸系统

逃逸系统也叫逃逸塔，其用途是应对火箭可能出现的危及航天员生命安全的故障。逃逸塔下面连接着航天员座椅，上面装备有灵巧的逃逸发动机，一旦在发射时火箭检测出故障，航天员可以通过逃逸发动机，逃离火箭危险区，返回地面。

3.3 运载火箭的发射

运载火箭的发射是指运载火箭携带有效载荷（如卫星）从起飞、加速、调整姿态直到进入预定轨道的整个过程。

3.3.1 发射条件

运载火箭的发射对时间、地点等都有严格的要求，发射需满足这些条件。发射对时间的要求主要通过发射窗口来体现，发射对地点的要求则通过发射场来体现。

（1）发射窗口

发射窗口是指运载火箭发射比较合适的一个时间范围（即允许运载火箭发射的时间范围）。这个范围的大小叫作发射窗口的宽度。窗口宽度有宽有窄，宽的以小时计，甚至以天计算；窄的只有几十秒，甚至为零窗口。

发射窗口是根据航天器本身的要求及外部多种限制条件，经综合分析计算后确定的。由于太阳、地球和其他星体的相对位置在不断变化，即使发射同一类型、同一轨道的航天器，其发射窗口也是不固定的。明白了这个道理，大家就不会奇怪，航天器的发射有时在早晨、有时在傍晚、有时在白天、有时在夜里。

对运载火箭本身来说，没有太严格的发射窗口限制，什么时间发射都可以。不过，在进行运载火箭发射试验时，一般都选在傍晚或黎明前来发射，因为这时太阳处在地平线附近，发射场区及火箭飞行路过地区的天空比较暗淡，而火箭点火升空到一定高度后就能受到阳光照射，使反射阳光的箭体与背景天空形成较大的反差，从而使地面的光学跟踪测量仪器可以清晰地跟踪测量火箭的飞行轨迹，观察火箭飞行中的姿态，跟踪测量和观察效果比较好。

但当运载火箭用来发射航天器时，就不能随时发射了。由于每个航天器承担的任务不同，航天器上安装的仪器、设备使用要求不同，它们对发射窗口提出了种种要求和限制条件，而这些要求有时又互相矛盾，因此选择什么时间发射就必须考虑各方面的要求，需经综合平衡后选择一个比较合适的发射窗口。影响发射窗口的因素主要有以下四类。

① 地面观察的需要　火箭发射后，将会有大量的光学仪器对火箭的姿态、轨迹、飞行阶段等信息进行观测，用于反馈火箭发射状态。例如 1970 年 4 月 24 日，在甘肃酒泉卫星发射中心用"长征"一号运载火箭发射我国第一颗人造地球卫星"东方红"一号时，发射时间定在北京时间晚上 9 点 35 分，这时在酒泉卫星发射中心，太阳已落山一个多小时，天空漆黑一片，但运载火箭升到 400 多千米高空把卫星送入轨道时，进入轨道运行的第三级火箭及卫星仍能受到太阳光的照射。此时人们在地面用肉眼就能看到进入轨道运行的第三级火箭及卫星。

② 光照条件的要求　当发射照相侦察卫星、地球资源卫星和中轨道气象卫星时，要求卫星运行轨道下方的地面目标有很好的光照条件，以便于卫星上的可见光遥感载荷能很好地拍摄地面的图像。因此，发射这类航天器的发射窗口都选在白天。在卫星及载人飞船等航天器上，大多采用太阳能电池供电，当航天器进入轨道时，希望是在地球受到太阳照射的一面，这时太阳能电池翼受到阳光的照射，可立即发电供航天器使用。这是发射这类航天器选择发射窗口时要考虑的一个因素。返回式卫星、载人飞船从轨道返回地面时，一般都希望在白天，以便寻找落地后的航

天器；同时希望气象条件较好、没有大风等恶劣天气，以便于降落伞打开。在选择发射窗口时就要考虑返回时的情况。

③ 气象条件的要求　恶劣的气象条件将会严重影响到火箭的正常发射和回收。飞行轨迹 20 千米以内发生雷击和乌云现象时，火箭和卫星的电子可能损坏设备；大气层上方风力过强，可能影响卫星飞行姿态和卫星结构。

④ 测量设备的要求　航天器进入轨道后，需要利用航天器上的姿态测量设备（如红外地平仪、太阳敏感器等）测量航天器的飞行姿态，以便调姿并进入稳定的飞行姿态。航天器上的姿态测量设备工作时，需要航天器、地球和太阳处在一个较好的相对位置，这时测量航天器的飞行姿态精度较高。所以，这也是选择发射窗口要考虑的一个因素。

另外，为满足卫星轨道精度的要求和目标天体与地球相对位置的要求等，也需要精心选择发射窗口。例如，在向月球、行星和其他星体发射探测器时，必须在地球与被探测的目标天体处在一个有利的相对位置时来发射。不过，发射空间探测器时，发射窗口宽度一般都比较宽，有的能以天计算。

一旦由于运载火箭临时出现故障，或由于天气等其他原因，不能按时发射而错过了发射窗口，则只能等待下一个发射窗口。有的航天器一天之内不止一个发射窗口，而有的只能等几天或更长时间再发射。

就航天任务来说，有三种发射窗口，即年计窗口、月计窗口和日计窗口。此外，发射时为了精准实现对接，还涉及零窗口的提法。

a. 年计窗口。年计窗口以指定的某一年内连续的月数形式表示，适用于星际探测任务，如发射对哈雷彗星进行探测的彗星探测器。

b. 月计窗口。月计窗口以确定的某个月内连续的天数形式表示，适用于行星和月球探测任务，如发射月球探测器。

c. 日计窗口。日计窗口以某日内某时刻到另一时刻的形式表示，适用于各种航天器。

对于航天器发射，可能要同时计算三种或两种发射窗口，但最终是以日计窗口的形式来决定的。对于一般卫星和导弹的发射，只需规定日计发射窗口；对于发射月球探测器，通常要规定月计和日计发射窗口；对于发射哈雷彗星探测器和其他星际探测器，一般要同时规定年计、月计和日计发射窗口。

在实际发射中，为了提高发射的精准度，往往还提出零窗口的要求，也就是说要求在预先计算好的发射时间，分秒不差地将火箭点火升空，不允许有任何延误与变更。如在"神舟"八号发射中，为了完成对接，要求"神舟"八号飞船发射到与"天宫"一号共面的轨道，这对火箭入轨精度提出了很高的要求。要求火箭在"天宫"一号经过发射点后某一秒准时点火起飞，否则就会错过与之对接的时机。这就是"零窗口"要求的起因。

（2）航天发射场

航天发射场也叫作航天发射基地，是用于航天运载火箭和航天器飞行试验的专用区域，是为运载火箭进行配套、测试、转运、加注等发射前准备及实施发射控制而专门建造的一系列功能相关的地面设施、设备所组成的综合系统。通常它包括测试区、发射区、发射指挥控制中心、地面测控系统和辅助设备。

3.3.2 发射过程

运载火箭的发射程序主要包括发射设备准备、运载火箭起竖、航天器安装、火箭垂直度调整和方向瞄准、全箭检查和测试、加注推进剂、安装爆炸螺栓等火工品、启动发动机、火箭起飞、火箭沿预定轨道飞行等步骤。

火箭发射从发射点到入轨点的飞行轨迹叫发射轨道。发射轨道包括垂直起飞段、程序转弯段和入轨段。

图 3-13 示出了某火箭的发射过程：火箭从点火垂直起飞开始，依次经历姿态调整、整流罩分离、一级火箭停机并分离、二级火箭点火、二级火箭停机、星箭分离等过程，最终将航天器送入预定轨道。

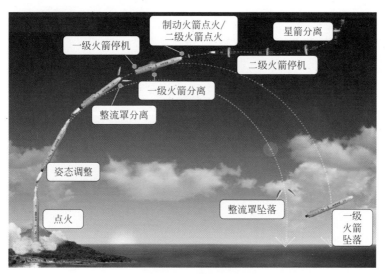

⊕ 图 3-13　火箭的发射过程

图 3-14、图 3-15 示出了俄罗斯载人飞船的发射过程：火箭从点火垂直起飞开始，依次经历助推器分离、整流罩分离、一级 / 二级火箭分离、船箭分离等过程，最终将飞船送入预定轨道。飞船完成任务后，返回舱和轨道舱分离，返回舱载着航天员返回地球。

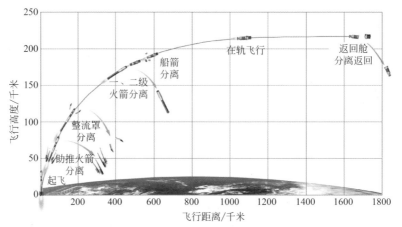

图 3-14　载人飞船发射过程——飞行高度和飞行距离的变化（俄罗斯）

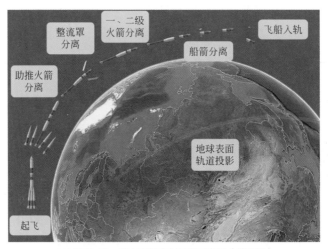

图 3-15　载人飞船发射过程示意图（俄罗斯）

航天器的入轨方式根据轨道高度的不同有直接入轨、滑行入轨和过渡入轨之分，详见第 2 章的有关描述。

3.4　我国运载火箭

我国研制的运载火箭以"长征"系列命名。自 1970 年 4 月 24 日"长征"一号运载火箭在酒泉卫星发射中心将"东方红"一号科学实验卫星成功发射升空以来，截至 2018 年 4 月 26 日，"长征"系列运载火箭（图 3-16）共发射 272 次，将 300 多个航天器送入预定轨道，发射成功率达 95%，在国际卫星发射市场占有重要一席。

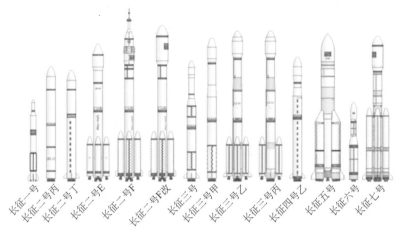

↑ 图3-16 中国"长征"系列运载火箭

（1）"长征"一号

"长征"一号系列包括"长征"一号运载火箭和"长征"一号丁运载火箭两个型号。它们都是三级运载火箭，主要用于发射近地轨道小型有效载荷。"长征"一号火箭全长 29.86 米，最大直径 2.25 米，起飞质量 81.6 吨，能把 300 千克重的卫星送入 440 千米高的近地轨道。

（2）"长征"二号

"长征"二号系列运载火箭是我国目前投入使用的最大的运载火箭家族，承担近地轨道发射任务。

最为著名的"长征"二号 F 运载火箭（图 3-17）成功将多艘"神舟"飞船发射升空，为我国的载人航天事业做出了历史性贡献。"长征"二号 F 火箭全长 58.4米，起飞质量 479.8 吨，主火箭直径 3.35 米，助推器直径 2.25 米，整流罩最大直径 3.8 米；可把 8.8 吨重的有效载荷送入近地轨道。

○ 图3-17 "长征"二号 F 运载火箭（中国）

"长征"二号还于 1975 年成功发射了我国第一颗返回式卫星，并按预定计划在预定区域回收，使我国成为第三个具有卫星回收能力的国家。

（3）"长征"三号

"长征"三号系列运载火箭是我国目前承担高轨道发射任务的运载火箭。以"长征"三号乙火箭为例，火箭全长 56.3 米，一、二子级直径 3.35 米，助推器直径 2.25 米，三子级直径 3.0 米，卫星整流罩最大直径 4.2 米，起飞质量 456 吨，主要发射地球同步转移轨道的重型卫星，可进行轻型卫星的一箭多星发射或发射其他轨道的卫星；其地球同步转移轨道的运载能力为 5.5 吨。

（4）"长征"四号

"长征"四号系列运载火箭承担太阳同步轨道和极轨道的发射任务。以"长征"四号乙运载火箭为例，火箭全长 48 米，最大直径 3.35 米，起飞质量 250 吨，900 千米高度太阳同步转移轨道运载能力为 1.9 吨。

（5）"长征"五号

"长征"五号是我国目前最大的大型运载火箭（图 3-18），2016 年 11 月 3 日在海南文昌航天发射基地首次发射成功。

火箭总长 56.97 米，芯一、二级直径 5.0 米，单个助推器直径 3.35 米，火箭起飞质量约 869 吨，具备近地轨道 25 吨、地球同步转移轨道 14 吨的运载能力，与国际上主流火箭的运载能力相当，可发射 20 吨级长期有人照料的空间站、大型空间望远镜、返回式月球探测器、深空探测器、超重型应用卫星等。

（6）"长征"六号

"长征"六号是我国新一代无毒无污染小型运载火箭（图 3-19），具有 700 千米高度太阳同步轨道 500 千克的运载能力。2015 年 9 月 20 日，"长征"六号在太原卫星发射中心点火发射，成功将 20 颗微小卫星送入太空，创造了中国航天一箭多星发射的新纪录。

火箭总长 29.93 米，其一子级直径 3.35 米，起飞质量约 102 吨。

（7）"长征"七号

"长征"七号是中国载人航天工程为发射货运飞船而全新研制的新一代中型运载火箭（图 3-20），共有载人和载货两个方案。载货方案火箭总长 53.2 米，整流罩直径 4.2 米，起飞质量 593 吨；载人方案火箭总长 59.4 米，整流罩直径 3.8 米，起飞质量 597 吨。两方案起飞推力均为 735 吨，芯级直径 3.35 米，捆绑 4 个直径 2.25 米的助推器。按轨道高度 200/400 千米、轨道倾角 42° 计算，载货方案火箭近地轨道运载能力不低于 13.5 吨（海南发射），载人方案火箭近地轨道运载能力不低于 11.5 吨（酒泉发射），太阳同步轨道运载能力为 5500 千克。

2016 年 6 月 25 日，"长征"七号运载火箭从海南文昌航天发射中心首次发射，

⬆ 图 3-18 "长征"五号运载火箭　　⬆ 图 3-19 "长征"六号运载火箭　　⬆ 图 3-20 "长征"七号运载火箭
　　　　　　（中国）　　　　　　　　　　　　（中国）　　　　　　　　　　　　（中国）

成功将载荷送入预定轨道，任务取得圆满成功。

2017 年 4 月 20 日，"长征"七号成功将"天舟"一号货运飞船在文昌航天发射中心发射升空，此后"天舟"一号货运飞船于 4 月 27 日成功完成与"天宫"二号空间站的首次推进剂在轨补给试验。

预计到 2021 年火箭各项技术趋于成熟稳定时，"长征"七号将逐步替代现有的"长征"二号、三号、四号系列，承担我国 80% 左右的发射任务。

总的来说，我国"长征"系列运载火箭家族，在党和国家的大力支持下，半个世纪以来由少到多、由小到大、由弱到强，承载着全国人民的期望，更是凝聚了我国航天科技人员的不懈努力。不过，我国的运载火箭发展较世界先进水平还有一定差距。从设计水平到制造工艺，从运载能力到可靠性，我们都有较长的路需要追赶。我国要从航天大国转变为航天强国，任重而道远。

3.5　国外著名火箭

3.5.1　苏联/俄罗斯运载火箭

苏联 / 俄罗斯的运载火箭按照系列化、标准化发展，前后研制了 20 多个系列运载火箭，其中有相当多的火箭是在弹道导弹的基础上改进而来的。这里仅列出其中非常著名的几种。

（1）"卫星"号

"卫星"号奠定了苏联航天运载火箭的基础。它由 P-7 洲际导弹改装而成。1957 年 10 月 4 日，"卫星"号被用来发射世界上第一颗人造地球卫星"斯普特尼克"1 号。

（2）"东方"号

"东方"号运载火箭（图 3-21）因发射"东方"号飞船而得名，是一种三级火箭。1961 年 4 月 12 日该火箭成功把载有航天员加加林的"东方"号飞船送入地球轨道，实现了人类首次载人航天的壮举。

（3）"联盟"号

"联盟"号系列运载火箭（图 3-22）作为"东方"号火箭的改进型，是一种新型三级火箭，因发射"联盟"号系列载人飞船而得名。除了应用于载人飞船的发射以外，"联盟"号也用于各类卫星的发射。"联盟"号系列运载火箭中最长的49.52 米，起飞质量 310 吨，近地轨道的运载能力为 7.2 吨。"联盟"号系列于1966 年进行首次发射，是发射次数最多的火箭，达 1600 多次。

⊕ 图 3-21 "东方"号运载火箭（苏联）

⊕ 图 3-22 "联盟"号运载火箭（苏联）

（4）"能源"号

"能源"号运载火箭（图3-23）长约60米，总重2400吨，起飞推力为3500吨，能把100吨有效载荷送上近地轨道，地球静止轨道运载能力为20吨。1988年该火箭将不载人的"暴风雪"号航天飞机载入太空轨道飞行，成为运载火箭飞行的一个里程碑。可惜，"能源"号只进行过两次发射，后来伴随着苏联的解体，"能源"号火箭停止生产。虽然"能源"号不再生产，但由其助推器发展而来的"天顶"号系列火箭仍在服役。

⊕ 图3-23 "能源"号运载火箭搭载"暴风雪"号航天飞机一起发射（苏联）

（5）"质子"号

"质子"号系列运载火箭（图3-24）是苏联第一种非导弹衍生的、专为航天任务设计的大型运载火箭。它是苏联发射最为频繁的火箭，也是目前世界现役运载火箭中运载能力最大的。它有三种型号：二级型发射过三颗"质子"卫星；三级型发射过"礼炮"号与"和平"号空间站；四级型用于发射大型星际探测器和地球同步轨道卫星。"质子"号火箭的起飞质量近700吨，高近60米，近地轨道运载能力可达20多吨，地球同步转移轨道运载能力为6.9吨，主要用于空间站、行星探测器、大型应用卫星的发射，共计发射了400多次。

⊕ 图3-24 "质子"号运载火箭（苏联）

图 3-25 "天顶"号运载火箭（苏联）

（6）"天顶"号

"天顶"号系列运载火箭（图 3-25）是苏联的一种中型运载火箭，曾作为"能源"号火箭的助推器。苏联解体后，"天顶"号划给了乌克兰。"天顶"号高 59.6 米，直径 3.6 米，起飞质量约 450 吨，近地轨道运载能力约为 14 吨，地球同步转移轨道运载能力为 6 吨。

（7）"安加拉"号

"安加拉"号系列火箭（图 3-26）是俄罗斯正在开发的一个全新宇宙火箭家族，命名源自西伯利亚东南部的安加拉河。"安加拉"号系列火箭可捆绑多个通用火箭模组，随任务需要组合出不同推力的火箭模组。可将小至 2 吨大到 40.5 吨的货物推送至近地轨道。设计"安加拉"号系列运载火箭的目的是成为未来俄罗斯火箭的主力，替代"质子"号等。

图 3-26 "安加拉"号运载火箭（俄罗斯）

2014 年 12 月 23 号，俄罗斯重型运载火箭"安加拉"A5 从普列谢茨克航天发射场发射成功。据称该火箭的近地轨道载荷高达 24.5 吨，起飞质量达 773 吨。

3.5.2 美国运载火箭

把美国第一颗人造卫星"探险者"1 号送上太空飞行的，是著名火箭专家冯·布劳恩主持研制的"丘比特"C 运载火箭。1958 年 1 月 31 日，布劳恩用"丘比特"导弹改装的运载火箭开辟了美国征服太空的新纪元。此后，美国先后用几种中程导弹和洲际导弹，经过改进研制成了"雷神""宇宙神""大力神""德尔塔"等几个系列的运载火箭，也专门研制了"土星"系列运载火箭。

（1）"雷神"

"雷神"是美国用于发射早期小型卫星的运载火箭，现已不常用。

（2）"宇宙神"

"宇宙神"系列运载火箭（图3-27）已连续生产50多年，最初是弹道导弹，后改造并发展成为系列火箭。除作为月球探测器和火星探测器的运载工具外，"宇宙神"还曾用来发射过通信卫星和"水星"号载人飞船。自1959年以来已发射500多次，是美国使用最广泛的运载火箭。

目前经常使用的"宇宙神"5号运载火箭（图3-27），直径可达5.4米，高58米，最大近地轨道有效载荷为29.4吨，起飞质量为547吨。

（3）"德尔塔"

"德尔塔"系列运载火箭（图3-28）于1960年5月首次发射，至今已发射500多次。"德尔塔"的三级火箭，总长38.4米，起飞重量分别约为220吨，其地球同步转移轨道运载能力为1.4～1.8吨。

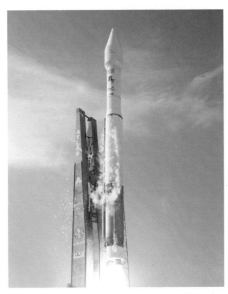
⊕ 图3-27 "宇宙神"运载火箭（美国）

⊕ 图3-28 "德尔塔"运载火箭（美国）

（4）"大力神"

"大力神"系列运载火箭（图3-29）基准型长45.75米，直径3米，起飞质量约680吨，有效载荷最大能达到15吨。最大的"大力神"34D运载火箭长达62米，直径5米，发射地球同步转移轨道卫星的运载能力达4.5吨。

大力神系列火箭至今已有300多次发射记录。它主要用于发射各种军用卫星，也发射了"太阳神"号、"海盗"号、"旅行者"号等行星探测器。

（5）"土星"

1961年4月20日，美国总统提出研制登月火箭的设想，并询问在10年内能否把人送上月球。当时冯·布劳恩斩钉截铁地回答："行！"于是，在冯·布劳恩的主持下，开始实施"土星"系列巨型登月火箭研制计划。1964～1967年，相继研制成功"土星"1、"土星"1B、"土星"5等几种型号。

1967年"土星"5号（图3-30、图3-31）问世，长85.6米，直径10.1米，起飞质量2950吨，近地轨道的有效载荷达139吨，飞往月球轨道的有效载荷为47吨。1967～1973年共发射13次，其中6次将"阿波罗"载人飞船送上月球，在航天史上写下了最为光辉的一页。此后，由于没有发射如此大载荷的需要，最终退役。

⊕ 图3-29 "大力神"运载火箭（美国）

⊕ 图3-30 "土星"5号运载火箭（美国）

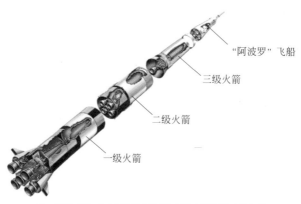

"阿波罗"飞船

三级火箭

二级火箭

一级火箭

⊕ 图3-31 "土星"5号运载火箭内部构造（美国）

3.5.3　欧洲运载火箭

欧洲的运载火箭最为著名的是欧洲空间局自行研制的"阿丽亚娜"系列运载火箭（图 3-32），该系列火箭用于支撑欧盟各国或其他国家进行空间活动。先后发射了"阿丽亚娜"1 号到"阿丽亚娜"5 号，"阿丽亚娜"1 号于 1979 年 12 月成功发射。最为著名的"阿丽亚娜"5 号于 1998 年 10 月首次完全成功发射，目前已经进行了 60 余次的发射。该火箭高 50 米，直径 5.4 米，起飞质量 777 吨，近地轨道的运载能力为 20 吨。

3.5.4　日本运载火箭

日本的航天技术在亚洲甚至世界都处于领先地位。日本从 20 世纪 60 年代开始研究发展运载火箭，先后研制了"L"系列运载火箭、"M"系列运载火箭、"N"系列运载火箭和"H"系列运载火箭等 10 余种运载火箭。其中"L"系列和"M"系列运载火箭全部使用固体推进剂发动机，并于 1972 年用"L"系列运载火箭发射了第一颗卫星。目前仍在使用的有"H"系列的"H-2"运载火箭（图 3-33）等。其高度为 53 米，直径为 4 米，最大发射质量为 445 吨，对应的近地轨道运载能力为 15 吨，地球同步转移轨道运载能力为 6 吨。

⊕　图 3-32　"阿丽亚娜"运载火箭（欧洲）

⊕　图 3-33　"H-2"火箭（日本）

3.6　可重复使用的运载火箭

运载火箭的重复使用一直是航天人的梦想，这样可以节省大量的发射成本。

美国太空探索技术公司（SpaceX）就是这样一家致力于重复使用运载火箭的太空运输公司，由 PayPal 早期投资人埃隆·马斯克（Elon Musk）于 2002 年 6 月建立。该公司开发了可部分重复使用的"猎鹰"1 号和"猎鹰"9 号运载火箭，其中"猎鹰"9 号运载火箭的运载能力与我国的"长征"7 号相当。SpaceX 同时开发了"龙"系列航天器，并借助"猎鹰"9 号发射。

2008 年 SpaceX 获得 NASA 的正式合同。2012 年 10 月，SpaceX 的"龙"飞船（图 3-34）将货物送到国际空间站，开启私营航天的新时代。作为私营航空公司，SpaceX 的一大优势是发射费用低廉。

2015 年 3 月 2 日，SpaceX 公司通过"猎鹰"9 号将世界首颗全电推进通信卫星送入地球轨道。该卫星装备了轻型、全电力推进发动机而不是传统的化学燃料推进系统。

而该公司最为令人瞩目的壮举是尝试足以颠覆行业的火箭回收计划。该计划旨在将发射卫星的运载火箭加以回收，重复利用，进一步削减成本。2011 年，SpaceX 披露了一种完全不同的、回收第一级火箭的方式。"猎鹰"9 号第一级火箭的发动机会在飞行中再次点火，引导火箭返回发射场附近的某处着陆区域，利用着陆支架垂直降落到地面（图 3-35、图 3-36）。

⬆ 图 3-34　"龙"飞船（美国）

⬆ 图 3-35　"猎鹰"9 号火箭回收（美国）

2016 年 4 月 8 日，"猎鹰"9 号火箭首次成功实现发射、回收的全过程，第一级火箭在完成发射任务后成功降落在海上无人浮动平台上；2017 年 3 月 30 日，此前成功回收的"猎鹰"9 号火箭再次成功进入太空，开创了运载火箭发射新的

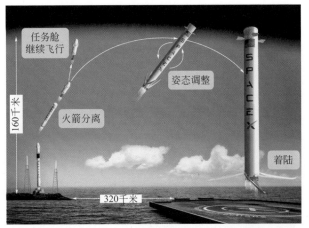

图 3-36　SpaceX 公司可回收火箭的发射、回收示意图（美国）

里程碑。此前，"猎鹰"9 号火箭在经历过数次回收失败的惨痛经历后，于 2015 年 12 月 22 日成功实现第一级火箭的陆上平台的回收。

2018 年 2 月 6 日，SpaceX 旗下的新型火箭，也是现役运载能力最强的火箭——重型"猎鹰"火箭（图 3-37）首飞成功，并成功回收两个助推器。

图 3-37　重型"猎鹰"火箭（美国）

3.7　火箭发展展望

人类要利用太空、开发太空，首先要进入太空。而运载火箭是迄今为止人类进入太空最重要的手段，也是目前各航天大国将航天器送入太空的唯一手段。无论是卫星、宇宙飞船还是导弹的发射，都是以运载火箭为前提的，因此运载火箭的水平和能力决定了一个国家航天活动的规模和水平。为此，世界各个航天大国都将发展航天运载技术作为保持其领先地位的战略部署之一，一些发展中国家也将发展航天运载技术作为提高其综合国力的重要手段。

研制新型运载火箭主要基于几个方面：

① 满足日益增大的运载能力要求，用于发射更大的军民用有效载荷；

② 增强可靠性，提高发射成功率，并减少对环境的污染，使用无毒推进剂；

③ 发展可重复使用的运载工具，目前此研究方向是热点方向，并已取得了引人注目的成果；

④ 受小卫星发射需求的牵引，各国正积极发展新一代经济、灵活的小型运载火箭；

⑤ 发展新型推进技术的火箭，如光子火箭、核火箭等。

未来火箭技术的发展也会沿着以上五个方向进行。

亮点小知识：载人飞船逃逸塔

载人航天发射的实践证明，威胁航天员生命安全的故障大多发生在火箭发射段，为保障航天员的安全，各国发射载人飞船基本都会在火箭顶端安装避雷针似的尖塔状装置——逃逸救生系统（简称逃逸塔，图3-38）。它承担着一项重要的任务：在火箭发射过程中万一发生危及航天员生命安全的意外紧急情况，确保航天员瞬间逃生、安全返回；同时在发射顺利时它还必须点火工作脱离箭体让飞船得以继续飞行。

逃逸塔通常不会被启用，但也有逃逸塔发挥作用成功挽救航天员生命的例子。1983年9月27日，苏联发射"联盟"T10A载人飞船时，运载火箭在发射台上爆炸。爆炸前，助推器上的传感器监测到了推进剂管路中有一个阀门失灵，火箭不能正常起飞，地面指挥人员立即向逃逸救生系统发出指令。救生塔点火，把飞船从即将爆炸的火箭上牵引到4千米以外的地方降落，航天员季托夫和斯特列卡洛夫死里逃生。此时，火箭一声巨响，在发射台上爆炸成一片火海。此前，美国在1961年发射载有假人的"水星"3号飞船时，也由于火箭故障而成功启动逃逸塔。

⊕ 图3-38　逃逸塔工作示意图

第4章
导 弹

导弹是依靠自身动力装置推进，由制导系统导引、控制其飞行路线，将战斗部导向并摧毁目标的武器。其任务是将战斗部在攻击目标附近引爆并毁伤目标，或在没有战斗部的情况下依靠自身动力系统直接撞击目标，以达到毁伤效果。导弹科技的先进程度很大程度上反映了一个国家的国防武器发展水平。

4.1　导弹的分类

世界各国研制的导弹武器系统种类繁多，分类方式都不尽相同，没有统一的分类方法，侧重点不同分类也有所不同。这里按常规的简单方式分类，如图 4-1 所示。一些具有特殊用途的导弹，如诱饵导弹、反雷达导弹就没有列在分类中。

① 按作战任务或作战使命分：战术导弹和战略导弹。

战术导弹是用于毁伤战术目标的导弹，射程通常在 1000 千米以内。它主要用于打击敌方战术纵深内集结的部队、坦克、飞机、舰船、雷达、指挥所、机场、港口和桥梁等目标（图 4-2）。

战略导弹是指用于打击政治和经济中心、军事和工业基地、核武器库、交通枢纽等战略目标的导弹，射程通常在 1000 千米以上，可以携带核弹头（图 4-3）。

② 按射程分：近程导弹、中程导弹、远程导弹、洲际导弹。将射程小于 1000

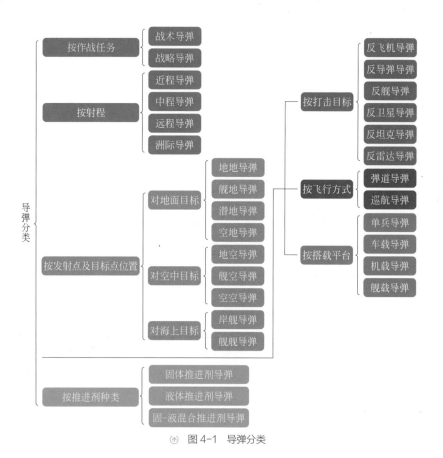

按作战任务 —— 战术导弹
　　　　　　战略导弹

按射程 —— 近程导弹
　　　　中程导弹
　　　　远程导弹
　　　　洲际导弹

导弹分类

按发射点及目标点位置

对地面目标 —— 地地导弹
　　　　　　舰地导弹
　　　　　　潜地导弹
　　　　　　空地导弹

对空中目标 —— 地空导弹
　　　　　　舰空导弹
　　　　　　空空导弹

对海上目标 —— 岸舰导弹
　　　　　　舰舰导弹

按打击目标 —— 反飞机导弹
　　　　　　反导弹导弹
　　　　　　反舰导弹
　　　　　　反卫星导弹
　　　　　　反坦克导弹
　　　　　　反雷达导弹

按飞行方式 —— 弹道导弹
　　　　　　巡航导弹

按搭载平台 —— 单兵导弹
　　　　　　车载导弹
　　　　　　机载导弹
　　　　　　舰载导弹

按推进剂种类 —— 固体推进剂导弹
　　　　　　液体推进剂导弹
　　　　　　固-液混合推进剂导弹

⊕ 图 4-1　导弹分类

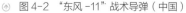

⊕ 图 4-2　"东风 -11"战术导弹（中国）

⊕ 图 4-3　"东风 -31"战略导弹（中国）

千米的称为近程导弹；将射程为 1000 ～ 3000 千米的称为中程导弹；将射程为 3000 ～ 8000 千米的称为远程导弹；将射程大于 8000 千米的称为洲际导弹。

　　③ 按发射点及目标点位置分：地地导弹、潜地导弹、舰地导弹、空地导弹（图 4-4），分别指从地面、潜艇、舰艇、空中发射打击地面目标的导弹；地空导弹（图 4-5）、舰空导弹（图 4-6）、空空导弹，分别指从地面、舰艇、空中发射打击空中目标的导弹；岸舰导弹和舰舰导弹（图 4-7），分别指海岸、舰艇发射打击舰船目标的导弹。其中，地空导弹、舰空导弹、空空导弹又称为防空导弹。

⤒ 图 4-4 "地狱火"空地导弹（美国）

⤒ 图 4-5 "爱国者"地空导弹（美国）

⤒ 图 4-6 "RIM-8"舰空导弹在海上作业（美国）

⤒ 图 4-7 "鹰击"舰舰导弹（中国）

④ 按打击目标分：反飞机导弹、反导弹导弹、反舰导弹、反卫星导弹（图 4-8）、反坦克导弹（图 4-9）和反雷达导弹。

⤒ 图 4-8 反卫星导弹

⤒ 图 4-9 "红箭 -10"反坦克导弹（中国）

⑤ 按飞行方式分：弹道导弹（图 4-10）和巡航导弹（图 4-11）。

⤒ 图 4-10 "飞毛腿"弹道导弹发射瞬间（俄罗斯）

⤒ 图 4-11 "战斧"巡航导弹（美国）

⑥ 按搭载平台分：单兵导弹（图 4-12）、车载导弹（图 4-13）、机载导弹（图 4-14）和舰载导弹（图 4-15）。

⊕ 图 4-12 "毒刺"便携式单兵导弹（美国）

⊕ 图 4-13 "AIM-120"车载导弹（美国）

⊕ 图 4-14 美国 F-15 战斗机发射空空导弹
（机载导弹）

⊕ 图 4-15 中国 054A 导弹护卫舰发射
"海红旗 -16"舰载导弹

⑦ 按推进剂种类分：固体推进剂导弹、液体推进剂导弹和固 – 液混合推进剂导弹。

4.2 导弹的结构

宏观上导弹的结构大致由 5 个部分构成：战斗部、弹体结构系统（弹身和弹翼）、动力推进系统、制导系统和电源系统（图 4-16）。

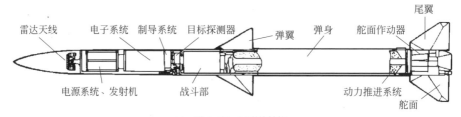

⊕ 图 4-16 导弹的结构

（1）战斗部

导弹的战斗部也称战斗部系统，简称弹头。它是导弹用于毁伤目标的全套装置，由引信、壳体、战斗装药、保险装置等部分组成（图 4-17），通常壳体前段

问天神器——航天器、火箭与导弹的奥秘

安放引信装置，中段承载装药，后段配备保险装置。

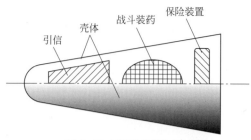

⬆ 图 4-17　导弹战斗部的内部布置

壳体将各组成部分连接成为一个整体；战斗装药是指装载的爆炸物，它是导弹威力的标志；引信是适时引爆装药的装置，它可以根据目标类型和导弹与目标的相对位置选择最佳引爆时机；保险装置确保战斗部在储存、运输和飞行过程中的安全，它在导弹飞行中逐级解除保险，待全部保险解除后才能引爆。

按战斗部内弹头数量，可分为单弹头战斗部和多弹头战斗部；按战斗装药的类型，可分为常规战斗部（包括爆破弹头、杀伤弹头、穿甲弹头、子母弹头）、核战斗部（即核弹头，包括原子弹头、氢弹头、中子弹头）和特种战斗部。

（2）弹体结构系统

弹体结构系统是用于构成导弹外形、连接和安装弹上各分系统，且能承受各种载荷的整体结构。为了提高导弹的运载能力，弹体结构质量应尽量减轻，采用高比强度的制造材料，并设计成具有良好的气动外形、先进的结构形式的薄壁壳体。

从外观上来看，不同的导弹其弹体也不尽相同。对于弹道式导弹，由于弹道大部分在大气层以外，主动段只作程序转向飞行，因此根本没有空气动力翼面。

（3）动力推进系统

动力推进系统是为导弹飞行提供动力的整套装置，又称为导弹动力装置。它主要由发动机和推进剂供应系统两大部分组成，其核心是发动机。

导弹发动机通常分为火箭发动机和空气喷气发动机两大类。火箭发动机自身携带氧化剂和燃烧剂，因此不仅可用于在大气层内飞行的导弹，还可用于在大气层外飞行的导弹；空气喷气发动机只携带燃烧剂，要依靠空气中的氧气，所以只能用于在大气层内飞行的导弹。

（4）制导系统

制导系统是导引和控制导弹飞向目标的装置和设备的总称。它包含导引系统和控制系统两部分。导引系统的主要功能是将导弹导向目标，不断地测量导弹与目标的相对位置与偏差，并向导弹发出修正偏差或跟踪目标的控制指令；控制系统的主要功能是操纵导弹的飞行状态，确保导弹稳定飞行，控制导弹按所要求的方向和轨迹飞行以命中目标。

（5）电源系统

导弹电源系统是导弹的重要组成部分，是导弹能够正常工作的保障。导弹电源系统通常由一次电源、二次电源以及电源控制电路等构成，具有响应时间快、功率密度大、可靠性高、工作环境严酷、体积小、质量轻、耐储存等特点。

4.3 弹道导弹

弹道导弹是在火箭发动机推力作用下按预定程序飞行，关机后按自由抛物体轨道飞行的导弹（图4-18）。

（1）弹道导弹的飞行轨迹

弹道导弹的飞行开始阶段靠发动机推力前进，此阶段称为主动段；发动机停止工作后，靠惯性飞行，此阶段称为被动段。其飞行轨迹像炮弹一样，因此得名弹道导弹（图4-19）。

⊕ 图4-18 "白杨-M"弹道导弹（俄罗斯）

主动段又称动力飞行段或助推段，是导弹在火箭发动机推力和制导系统作用下，从发射点起飞到火箭发动机关机时的飞行路径。被动段包括自由飞行段和再入段，是导弹按照在主动段终点获得的速度和弹道角度作惯性飞行到弹头起爆的路径。

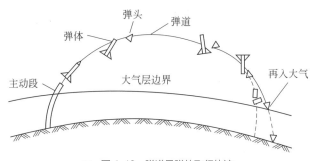

⊕ 图4-19 弹道导弹的飞行轨迹

弹道导弹通常没有翼面，在烧完燃料后只能保持预定的航向，不可改变，其后的航向由弹道学法则支配。为了覆盖广大的范围，弹道导弹必须发射得很高，进入空中或太空，进行亚轨道宇宙飞行；对于洲际导弹，中途高度大约为1200千米。在太空时，不提供推力，导弹做抛物线自由落体。

（2）弹道导弹的操纵方式

由于弹道导弹是要离开稠密大气层飞行的，因此它不能像有翼导弹那样使用气动舵面来操纵和稳定导弹姿态，必须利用发动机的燃气来进行操纵，操纵的方法有以下几种。

① 燃气舵偏转　将燃气舵置于燃气喷流内，它的作用与气动舵在空气中的作用相同（图4-20）。一般燃气舵用耐高温的石墨材料制成，这种控制方式结构简单、操纵方便，但会造成推力损失。

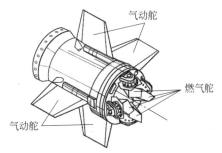

↑　图4-20　导弹的燃气舵

② 摆动发动机　将液体火箭主发动机安装在万向轴承上，可以对俯仰和偏航进行控制。另外两个小的辅助发动机的差动控制导弹的滚转运动（图4-21）。对于由四个液体火箭发动机并联组成的主发动机，只要每个发动机绕一个轴摆动，就可以对导弹进行三轴姿态控制（图4-22）。

③ 摆动喷管　固体火箭发动机不能整个摆动，可将发动机的喷管装在球形关节上，通过作动筒操纵偏转，使推力产生俯仰和偏航力矩分量（图4-23）。但对滚转的控制，还要增加另外的控制措施。对于具有四个喷管的发动机组，可以像摆动发动机那样对导弹进行三轴姿态控制。

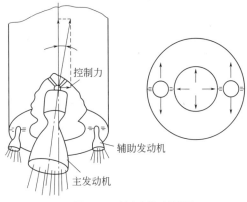

↑　图4-21　单个主发动机摆动

④ 固定式姿态控制发动机　将推力室固定在弹体上，每个推力室可以根据需要断续工作，产生推力，对导弹的三个姿态进行控制（图4-24）。为了能不断地多次快速点火，采用氧化剂和燃烧剂相遇即可自燃的推进剂。这种控制方式结构简单，不需要转动机构和作动器，仅需要对推进剂的喷和停进行控制。但由于控制推力较小，适用于大推力的主发动机停车后，对导弹的被动段进行控制，或对分离后的弹头进行控制。

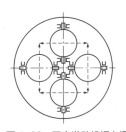

↑　图4-22　四个发动机切向摆动

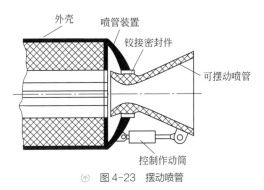

↑　图4-23　摆动喷管

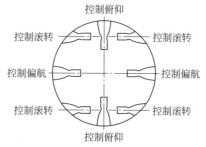

↑ 图4-24　固定姿态控制发动机

⑤ 二次喷射技术　二次喷射技术利用另外储存的气体或液体向喷管内喷射（图4-25），或从燃烧室引出一股燃气到喷管，使喷管喷出的燃气流的方向发生改变，产生控制力矩。这种操纵方式所产生的控制力矩比较小，所以实际应用较少。

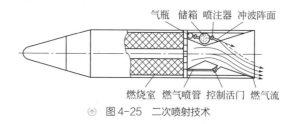

↑ 图4-25　二次喷射技术

（3）多弹头弹道导弹的弹头控制方式

采用多弹头技术可以提高弹道导弹的攻击效率和命中率，是突防的有效措施。多弹头可以采用真假混装，而减小被拦截的概率。多弹头是由母弹头（即母弹舱）和其内部的多个子弹头组成，根据弹头的控制方式的不同，多弹头可分为三种形式。

① 集束式多弹头　集束式多弹头又称"霰弹式"多弹头，一个母弹头内集中捆绑几个子弹头，当它们与弹体分离后，抛掉母弹头上的整流罩，将子弹头释放出来。子弹头按惯性飞行，它们的轨迹比较接近，弹着点形成一个几千米到几十千米的散布面（图4-26）。集束式多弹头的命中精度差，只适合打击大城市那样的面目标，对于摧毁导弹发射井一类的单点硬目标无能为力。

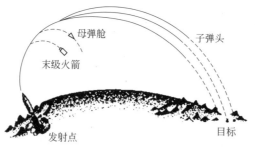

↑ 图4-26　集束式多弹头飞行弹道

② 分导式多弹头　分导式多弹头是集束式多弹头的发展，其母弹头装有推进

系统和制导系统，而子弹头上没有。图4-27为母弹头的结构示意图。母弹头与弹体分离后，可以作机动飞行，在不同的速度、高度和方向上逐个释放子弹头。各子弹头可以分别攻击不同的目标，也可以沿不同方向攻击同一目标（图4-28）。

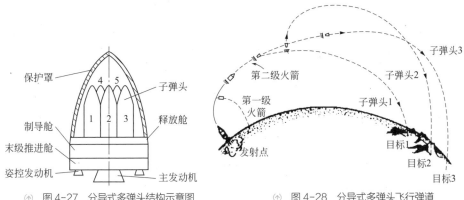

⊕ 图4-27　分导式多弹头结构示意图　　　⊕ 图4-28　分导式多弹头飞行弹道

　　分导式多弹头的特点是：子弹头分布面积大，两个弹头间的距离可达几百千米甚至上千千米，同时可以释放诱饵弹头，突防能力较强；由于每次投放子弹头都要进行速度和方向的调整，可以修正误差，因此命中精度较高。但是，子弹头被释放后仍按惯性弹道飞向目标，易被敌方拦截。

　　③ 机动式多弹头　机动式多弹头又称全导式多弹头，它的母弹头和子弹头都装有推进系统和制导系统，都可以进行机动飞行。子弹头可以像分导式多弹头那样，在不同的时间分别发射出去，也可以同时发射。子弹头机动飞行的轨迹可以是弹道式，也可以是平飞攻击，还可以是突然跃起再俯冲攻击目标（图4-29）。在多个子弹头中间可以有假弹头，这种突防方式使敌方的反导系统很难对它进行拦截。此外由于子弹头上加上了精确的末制导系统，能够自动寻找和瞄准目标，使命中精度大大提高。

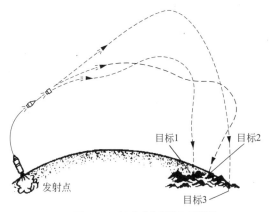

⊕ 图4-29　机动式多弹头飞行弹道

4.4 有翼导弹

有翼导弹是靠配置的弹翼所产生的空气动力作机动飞行的导弹，仅在 30 千米高度以下使用。由于有翼导弹仅在空气中飞行，严格地讲有翼导弹属于航空器。巡航导弹和大多数战术导弹（如反飞机导弹、反舰导弹、反坦克导弹等）均为有翼导弹。

（1）有翼导弹的特点

与炮弹相比，有翼导弹射程远、威力大、准确度高，对目标的摧毁概率高得多。有翼导弹的飞行原理和构造形式都与飞机接近，某些巡航导弹与飞机相差无几，不同之处在于导弹是一次性使用、无人驾驶的飞行武器。

有翼导弹由于有翼面，可以发挥其大速度、大迎角、大机动性的潜力；目前的战斗机最大 Ma（马赫数）约为 2.5 ～ 3，受飞行员限制使用过载不大于 10；而导弹无此限制，格斗导弹的法向过载可达 30 ～ 50，飞行速度也可以比战斗机快得多。

（2）有翼导弹的气动外形

有翼导弹的气动布局与飞机类似，分为正常式、鸭式、无尾式和可偏弹翼式四种（图 4-30）。

① 正常式布局：弹翼在前，操纵面在尾部，除有方向舵和升降舵外，它们的差动可进行滚转操纵［图 4-30（a）］。

② 鸭式布局：弹翼在后，鸭翼操纵面在前，通常不能靠鸭翼差动进行滚转操纵，因为差动时鸭翼的尾迹在弹翼上的作用会降低差动效果，甚至会反向操纵，可在弹翼后面安装副翼进行滚转操纵与稳定［图 4-30（b）］。

③ 无尾式布局：弹翼在后部，操纵面在弹翼后缘，没有尾翼也没有鸭翼［图 4-30（c）］。

④ 可偏弹翼式布局：弹翼在前，它同时又是操纵面，固定尾翼在后，起稳定作用［图 4-30（d）］。

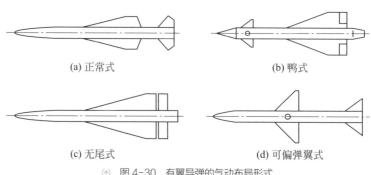

(a) 正常式　　　　　　　　　　　　(b) 鸭式

(c) 无尾式　　　　　　　　　　　　(d) 可偏弹翼式

↥ 图 4-30 有翼导弹的气动布局形式

问天神器——航天器、火箭与导弹的奥秘

大多数导弹是细长的圆形截面，弹翼是对称布置的。按照弹翼在圆周方向的布置可分为平面形 [图 4-31（a）]、X 形 [图 4-31（b）] 和十字形 [图 4-31（c）]。平面形用于巡航导弹，弹翼有较好的升力；后两种形式用于高机动型导弹，它们在转弯时都不必像飞机那样倾斜，只是正常飞行时的姿态是 X 形或十字形的差别。

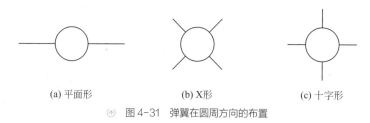

(a) 平面形　　　　　　　(b) X形　　　　　　　(c) 十字形

图 4-31　弹翼在圆周方向的布置

4.5　弹道导弹防御系统

弹道导弹防御系统是用于探测、拦截并摧毁正在高速飞行的敌对方弹道导弹弹头，使弹头失去进攻能力的武器系统。

4.5.1　弹道导弹防御系统的组成

弹道导弹防御系统的组成包括以下几个方面。

（1）目标探测、识别、跟踪系统

要求能全天候监视敌对方弹道导弹发射阵地动向，及时准确地探测到敌对方弹道导弹发射，迅速可靠地发出弹道导弹攻击预警并确定其攻击规模和可能攻击的目标，正确识别真假弹头，实施精确跟踪以便有效拦截真假弹头并判定防御效果。

（2）反弹道导弹导弹

也称为反导拦截导弹或反导拦截器，用于拦截、摧毁来袭的敌对方弹道导弹的真弹头。

（3）作战管理与指挥控制通信系统

将目标探测、识别、跟踪系统和反弹道导弹有效联系起来，成为一个密切协同的整体，进行有效的弹道导弹防御。

具体来说，弹道导弹防御系统的基本组成主要包括：以预警卫星为主的弹道导弹预警探测系统，以远距离识别跟踪雷达为主的目标识别与跟踪系统，以反导拦截导弹为主的反弹道导弹系统，以及作战管理与指挥控制通信系统。

4.5.2　弹道导弹防御系统的分类

弹道导弹防御系统的防御范围大到战区，小到点防御，安装的平台有天基（预警卫星）、机载、舰载和陆基（包括地下井、地面机动等）。

按其作战任务分为战略弹道导弹防御系统和战术弹道导弹防御系统。战略弹道导弹防御系统防御的主要目标是陆基洲际弹道导弹和陆基远程弹道导弹以及潜射弹道导弹。战术弹道导弹防御系统是指防御射程 3500 千米以内的中程弹道导弹的防御系统。

4.5.3　弹道导弹防御系统的发展

（1）从"奈基 - 宙斯"到"卫兵"

美国的弹道导弹防御由来已久，可以追溯至冷战初期，从苏联人抢先一步发射洲际弹道导弹开始，弹道导弹核武器便成为美苏军事竞争的核心内容之一。与此同时，如何防御对方洲际弹道导弹攻击，以保护自己的核报复力量，便成为美国战略武器系统研制工作中的重要内容。在不懈的努力后，美国早期的弹道导弹防御系统出现了。

早期的美国弹道导弹防御系统有两个"代表作"：一个是在"奈基 - Ⅰ"地空导弹基础上发展起来的、具备一定拦截弹道导弹能力的"奈基 - Ⅲ"地空导弹系统，即"奈基 - 宙斯"系统；另一个便是能实施分层拦截的"卫兵"系统（图 4-32）。

↑ 图 4-32　"卫兵"反导系统（美国）

鉴于当时的技术发展水平，"卫兵"反导系统和苏联早期部署的反导系统一样，都是用带核弹头的拦截导弹防御带核弹头的洲际弹道导弹的攻击，但是费用高、效果差。从 1975 年开始，美国决定暂停发展特定的反弹道导弹系统，并取消了"卫兵"反导系统的部署，而将精力集中在研究先进技术和系统技术上，并开始考虑向空间发展。从"奈基 - 宙斯"到"卫兵"，美国早期的反导系统虽然因各种原因分别下马，但仍为日后新一代的反导技术发展奠定了基础。

（2）"星球大战"计划

进入 20 世纪 70 年代后，冷战双方——美苏两国在战略进攻力量上总体处于势均力敌的态势，双方的战略核进攻武器足以将人类毁灭多次。为谋求战略优势，美国在与苏联进行削减战略进攻武器谈判的同时，开始考虑积极发展更加先进的反弹道导弹技术与武器系统，从而获得对苏联的压倒性优势。

里根总统上台后，针对当时苏联的全球扩张态势，针锋相对地提出重振美国军备的主张，大幅度增加军费开支，推出一系列军备重建计划。里根执政期间，在诸多军备计划中，规模最大、影响最深的无疑就是以弹道导弹防御为目标的俗称"星球大战"计划的"战略防御倡议"。

"星球大战"计划的核心内容是在空间拦截、摧毁苏联的战略弹道导弹和航天兵器，该计划主要由两部分组成：弹道导弹防御计划和反卫星计划。其中更为人们所知的是弹道导弹防御计划。弹道导弹防御计划采用的防御部署结构是：按远程作战区、中程防御区和低空拦截区，分别在弹道导弹的助推段、末助推段、中段和末段对其予以拦截。用于拦截的武器系统包括反导导弹、动能武器、激光以及粒子束武器等（图4-33）。通过这些眼花缭乱的新型反导系统，彻底消除由战略核导弹造成的威胁，实现使弹道导弹无用和过时的目标。

⊕ 图4-33 "星球大战"计划中提出的卫星反导概念图

（3）TMD 与 NMD

"星球大战"计划固然令人神往，但美国人终因力不从心而被迫改弦更张，"智能卵石"计划因此而诞生。"智能卵石"计划是老布什总统提出的一个对"星球大战"的改进计划，全称是"全球防御有限攻击"计划（GPALS）。冷战结束后，国际局势已经发生重大变化，俄罗斯对美国的核打击威胁已经远不如20世纪六七十年代的苏联那么严重。根据当时国际局势的变化，将弹道导弹防御计划的重点从针对苏联大规模弹道导弹攻击、保护美国战略核武器，转向针对有限的弹道导弹攻击、保护美国及其盟国上来。

"智能卵石"计划包括三个子系统：战区导弹防御系统（TMD）、国家导弹防御系统（NMD）和全球导弹防御系统（GMD）。整个系统包括1000枚"智能卵石"天基拦截弹、750枚地基拦截弹和"爱国者"反导武器系统（图4-34），其防御目标是对付约200枚弹头的攻击。

⊕ 图4-34 "爱国者"反导武器系统（美国）

克林顿执政后，美国政府根据冷战结束、苏联解体以及美俄关系改善等形势的变化，对弹道导弹防御战略进行了调整。1993年，美国政府对推行10年之久的"星球大战"计划进行重大调整。美国政府的弹道导弹防御（BMD）计划主要以发展地基和海基防御系统为主，按重要等级依次为战区导弹防御（TMD）计划、国家导弹防御（NMD）计划。到克林顿执政后期，美国一方面重点发展TMD系统，另一方面也开始积极发展NMD系统。

从冷战期间开始起步的弹道导弹防御技术研制到美国政府的弹道导弹防御计划，经过数十年的技术积累，美国在弹道导弹防御开发研制方面取得了一定进展。小布什总统上台后，立即宣布美国政府将不遗余力地继续推进美国弹道导弹防御系统的开发和部署。布什政府所推行的弹道导弹防御计划仍主要由TMD和NMD组成，并将国家导弹防御计划（NMD）改名为导弹防御计划（MD），但内容实质并未改变。

4.5.4　弹道导弹防御系统的现状

随着半个多世纪的发展，美国的弹道导弹防御系统逐渐完善，系统的建设主要集中在三个领域：战区导弹防御、国家导弹防御和先进的弹道导弹防御技术发展。目前美国已经部署的战区级导弹防御系统有"爱国者"系统、"萨德"系统、"宙斯盾"系统，国家级导弹防御系统有"陆基中段防御系统"（图4-35）。

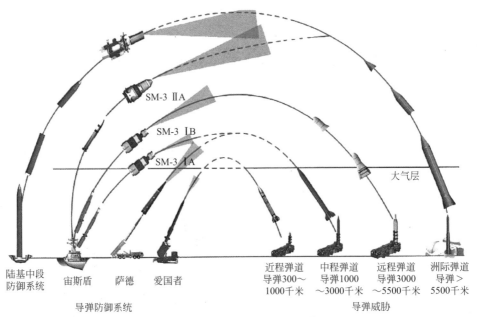

图4-35　美国弹道导弹防御系统

目前美国部署的这四个主要防御系统在拦截高度与拦截距离上形成了高低搭配的分层防御，每个系统的性能各有长短。弹道导弹的飞行末段由"爱国者"系统拦截，中近程弹道导弹的飞行中段由"宙斯盾"系统和"萨德"系统拦截，洲际弹道导弹的飞行中段由"陆基中段防御系统"拦截。拦截高度从"爱国者"系统的 15千米，到"宙斯盾"系统的 300 千米，再到"陆基中段防御系统"的 2000 千米。这样的组合基本满足了从战区导弹防御到国家导弹防御的要求，"爱国者"系统、"萨德"系统和"宙斯盾"系统都是机动防御系统，可以伴随兵力配置进行灵活部署，满足美军区域机动防御需求，尤其是海基的"宙斯盾"系统，可以随舰艇在海洋上独立机动，不受陆地部署的诸多限制，具有全球快速机动部署的能力。

（1）"爱国者"弹道导弹防御系统

"爱国者"防空导弹系统是 1964 年美国国防部开始建设的一个陆军战区机动防空系统，从 1988 年开始升级为能够防御战术弹道导弹的"爱国者 1"型，主要拦截处于飞行末端的弹道导弹，对战区 100 千米范围内提供防御。在 2003 年"伊拉克自由行动"中，最新型的"爱国者 3"（图 4-36）对短程弹道导弹的拦截率达到了 100%。

虽然"爱国者"系统技术成熟、部署数量较多，但其防御范围较小。"爱国者 3"导弹的射程和射高都只有 15 千米，只能对战区提供小范围的末端导弹防御。而且如果所拦截的弹道导弹装载的是核弹头、生物弹头

↑ 图 4-36 "爱国者 3"导弹（美国）

或化学弹头，即使在 15 千米上空将其摧毁，也会对地面造成很大的附带伤害。目前美国陆军在美国本土和日本、德国、韩国等盟国部署了"爱国者"导弹营。另外"爱国者"系统已经出口到中国台湾、希腊、埃及、以色列、德国、荷兰、日本、沙特、科威特、西班牙等国家和地区。

（2）"萨德"弹道导弹防御系统

鉴于"爱国者"系统防御的范围较小，美国陆军于 1992 年开始研制"战区高空区域防御系统"，即"萨德"弹道导弹防御系统（图 4-37）。2008 年，"萨德"系统开始装备美国陆军，先后部署在夏威夷、关岛、阿拉斯加等地。2017 年，"萨德"系统的发射车与雷达组件进入韩国，部署在韩国东南部的庆尚北道星州郡。

该系统可以为战区部队提供更大范围区域的导弹防御。它的最大拦截距离为200 千米，拦截高度为 40 ~ 150 千米，"萨德"系统同时具有大气层内与大气层

外的拦截能力，填补了大气层外"标准"导弹和大气层内"爱国者"导弹之间的空白。每一套"萨德"系统包括5个组成部分：拦截导弹、火控雷达、导弹发射车、火控通信单元和专用支持设备。

⊙ 图4-37 "萨德"弹道导弹防御系统（美国）

（3）"宙斯盾"弹道导弹防御系统

"宙斯盾"系统是美国海军现役最重要的整合式水面舰艇作战系统，是一套电脑化的指挥决策与武器管制系统，可以有效地防御敌方从四面八方发动的导弹攻击。该作战系统从1969年起正式开始研制，1983年正式装舰，目前"宙斯盾"系统已经装备到了美国、日本、韩国、西班牙、挪威、澳大利亚等国的驱逐舰上。自1995年起，美国海军对舰载"宙斯盾"防空系统进行改进，使其具有弹道导弹防御功能，该系统对弹道导弹的拦截高度为70～500千米，拦截距离为1200千米。

"宙斯盾"弹道导弹防御系统主要由水面舰艇与"标准"导弹组成。"标准"系列导弹主要分Ⅰ形、Ⅱ形、Ⅲ型三大系列，每个系列又分为多种型号。最早投入使用的是"标准Ⅰ"型导弹（SM-1），目前美国海军主要使用的是"标准Ⅱ"型导弹（SM-2）和"标准Ⅲ"型导弹（SM-3），主要用于拦截弹道导弹，同时也具有拦截低轨卫星的能力，是美国海基战区导弹防御系统（TMD）的重要一环。

自2002年起，美军、日军就开始了一系列导弹拦截实验，验证"标准"导弹具备在大气层内外、不同射程的弹道导弹拦截能力；2008年，美国海军"伊利湖"号导弹巡洋舰发射了一枚"标准Ⅲ"型导弹，在距离地面247千米高度成功拦截一颗失控的间谍卫星（图4-38）。

（4）陆基中段防御系统

"陆基中段防御系统"是美国目前唯一的国家级导弹防御系统（图4-39）。该系统配备的陆基拦截导弹最大拦截高度为2000千米，拦截距离为5300千米。该系统从陆地发射平台对敌方弹道导弹进行探测和跟踪，从地上或海上发射拦截导弹，在敌方系统的弹道导弹尚未到达目标之前，在其飞行弹道中段，也就是

⊙ 图4-38 美军驱逐舰发射"标准Ⅲ"
导弹（美国）

在大气层外，对其进行拦截并将其战斗部摧毁，该系统建设的最终目标是为美国本土提供全面的导弹防御。目前已经完成部署的预警探测雷达有 9 部，部署地域包括美国西海岸、东海岸、阿拉斯加、格陵兰岛、英国和日本；该系统还包括天基预警卫星系统，由 5 颗地球同步轨道卫星组成。

2004 年美国在阿拉斯加部署了第一枚陆基拦截导弹，并宣称已经具备了初始防御能力；截止到 2017 年底，美国共部署了陆基拦截导弹 44 枚，分别在阿拉斯加、加利福尼亚的军事基地。该系统全部建成后，将包括 2 处发射阵地、3 个指挥中心、5 个通信中继站、15 部雷达、30 颗卫星、250 个地下发射井和 250 枚拦截导弹。

↑ 图 4-39 "陆基中段防御系统"拦截导弹（美国）

4.6 我国导弹系统的发展

我国航天科技工业从 20 世纪 50 年代开始，从无到有、从小到大，跻身世界先进行列，取得了辉煌成就，走出了一条自力更生、拼搏腾飞、屹立于世界的发展道路。

20 世纪 50 年代中期，毛泽东主席和党中央发出"向科学进军"的伟大号召，周恩来总理组织制定了包括火箭技术在内的科学技术发展远景规划。

1956 年刚回国不久的火箭专家钱学森博士，提出对我国发展导弹技术的建议。中央做出决策，在钱学森的主持下，集中 30 多名专家和 100 多名应届大学生，组成最初的科研队伍，在十分简陋的条件下，艰苦奋斗，自力更生，开始攀登航天技术高峰。在聂荣臻元帅的直接领导下，1956 年 10 月 8 日我国建立了国防部第五研究院，开始利用苏联的援助，通过仿制，学习自行设计的本领。

1960 年 8 月，苏联单方面撕毁合同，召回全部在华的苏联专家，并带走了导弹资料。由于当时我国绝大多数科研人员没有接触过导弹，对导弹内部的构造和工作原理几乎不了解，更谈不上设计、研制导弹了。面对巨大的困难，我国科技人员和工人奋发图强，刻苦钻研，突破了重重难关。1960 年 11 月 5 日，我国第一枚地对地近程导弹——"东风"1 号（图 4-40）发射成功，

↑ 图 4-40 "东风"1 号近程导弹（中国）

标志着我国在掌握导弹技术方面迈出了突破性的一步。

1964年6月29日，我国独立研制的中近程导弹——"东风"2号（图4-41）腾空飞起，沿着预定弹道飞行，命中目标，这是中国战略导弹发展的良好开端。

20世纪60年代中期以后，我国刚

⬆ 图4-41 "东风"2号中近程导弹（中国）

刚起步的导弹事业频传捷报：1966年我国导弹核武器发射试验成功（图4-42）；1970年我国中远程导弹——"东风"4号试验成功（图4-43）；1971年我国洲际导弹——"东风"5号飞行试验成功（图4-44）。

⬆ 图4-42 导弹核武器发射试验成功（中国）

⬆ 图4-43 "东风"4号中远程导弹（中国）

1977年，我国决定于1980年向太平洋海域试验发射射程在9000千米以上的洲际导弹。1980年5月18日，随着一声山崩海啸般的轰响，一枚巨型导弹（即"东风"5号）拔地而起（图4-45），划破万里长空，直飞南太平洋。经过30分

⬆ 图4-44 "东风"5号洲际导弹（中国）

⬆ 图4-45 "东风"5号洲际导弹发射升空（中国）

钟的飞行，远在万里之外的导弹落区传来导弹准确溅落在预定海域的喜讯，我国洲际导弹全程飞行试验获得圆满成功。从此我国有了可以打到地球另一边的战略威慑武器，实现了基本的国家安全保障，中国人民可以放下心来进行现代化建设。

2015年9月3日，在抗日战争胜利70周年阅兵仪式上，"东风"5B（图4-46）、"东风"21D（图4-47）、"东风"31、"东风"41等导弹通过天安门广场，充分展示了我国国防力量的不断增强。

⊕ 图4-46 "东风"5B导弹（中国）

⊕ 图4-47 "东风"21D导弹（中国）

4.7 国外著名导弹系统简介

4.7.1 德国"V-2"导弹

1944年秋，法西斯德国在欧洲战场的败局已定，但希特勒还要做垂死挣扎。他拿出了手中最具威力的王牌——"V-2"导弹（图4-48），对英国进行大规模攻击。9月6日傍晚，伦敦市民正准备吃晚餐时，一枚巨型炸弹突然从天而降。它比伦敦人领教过的"V-1"导弹威力大得多，在地面上炸出了一个直径20米的大坑，周围直径100米范围内的人员均遭厄运，建筑物也被摧毁。

英国军方很快查明，这枚巨型"炸弹"来自数百千米外的欧洲大陆，是从荷兰海牙郊外的丛林中发射的，德军在那里有一个隐蔽的"V-2"导弹发射阵地。"V-2"导弹采用垂直发射方式，

⊕ 图4-48 "V-2"导弹（德国）

在地面用无线电控制或用安装在弹体内的仪器舱控制，由液体火箭发动机推送到一定的高度和速度后，发动机自动关闭，弹头即沿着预定的弹道飞向目标。它穿过大气层飞抵目标，弹道高度为 80 ～ 100 千米，是世界上第一种用于实战的弹道导弹。

4.7.2　俄罗斯"亚尔斯"洲际弹道导弹

俄罗斯"亚尔斯"弹道导弹是俄罗斯多弹头洲际弹道导弹（图 4-49），是"白杨 -M"弹道导弹的升级版，配有分导式多弹头。"亚尔斯"弹道导弹对于加强俄战略火箭兵的作战打击能力具有重要作用，与已经装备部队的"白

⊕　图 4-49　"亚尔斯"洲际弹道导弹（俄罗斯）

杨 -M"弹道导弹一起，成为俄罗斯战略火箭军导弹部队的核心。"亚尔斯"弹道导弹于 2009 年 12 月开始服役。

4.7.3　美国"民兵3"洲际弹道导弹

"民兵 3"洲际弹道导弹是美国现役的一种洲际弹道导弹（图 4-50）。作为美国第三代地地战略核导弹，它是在 20 世纪 60 年代中期至 70 年代初期发展的。其突出特点是为提高导弹的突防能力和打击硬目标的能力，采用分导式多弹头，命中精度也有进一步提高。

⊕　图 4-50　"民兵 3"洲际弹道导弹（美国）

4.7.4　法国"M-51"潜射远程弹道导弹

法国"M-51"弹道导弹是法国原子能军需事务局和法国原子能总署研制的新一代潜射战略核导弹（图 4-51），装备在法国凯旋级战略核潜艇上，它的研制是法国为确保其战略核威慑力量的有效性、实现国家安全战略以及实现更新换代的需要。"M-51"弹道导弹于 2010 年 1 月 27 日首次从战略核潜艇上成功发射，2010 ～ 2018 年开始逐步装备到"凯旋"级战略核潜艇上。

⊕　图 4-51　"M-51"潜射远程弹道导弹（法国）

4.7.5　美国"爱国者"防空导弹

美国"爱国者"防空导弹（MIM-104）是美国研制的第三代中远程、中高空地空导弹系统（图4-52），是美国陆军为适应未来复杂的作战环境和不断变化发展的空中突击力量所造成的威胁而提出研制的，1984年开始装备部队并服役，成为美军主要的中高空防空武器。2008年后逐步被战区高空区域防御系统取代部分功能。

"爱国者"导弹曾在1991年海湾战争中发挥重要作用，并在战后广为人知，成为美国的代表性武器之一。"爱国者"系统销售给美国的盟友，包括以色列、德国、荷兰、日本、希腊、韩国及比利时等国家和地区。

⊕ 图4-52　"爱国者"防空导弹发射系统（美国）

4.7.6　美国"AIM-120"中程空对空导弹

美国"AIM-120"是美国研制的第一款主动雷达制导视距外空对空导弹（图4-53），通常被昵称为"Slammer"（监狱）。在此之前的超视距空战，由于大多数采用半主动雷达制导的导弹，发射导弹后，载机必须保持对目标的跟踪和照射，直至击中目标。在这段时间里，载机基本上不能有大动作，这对载

⊕ 图4-53　"AIM-120"中程空对空导弹（美国）

机和飞行员的安全是极大的威胁，因为被敌方击中的机会很大。

"AIM-120"首次使用便取得战果，曾经在伊拉克和南斯拉夫战争中取得多次战果，已经被销售到澳大利亚、巴林、比利时、丹麦、芬兰、德国、瑞典、以色列、意大利、日本、韩国、荷兰、挪威、西班牙、希腊、瑞士、泰国、土耳其、英国和中国台湾地区。

4.7.7　苏联/俄罗斯"飞毛腿"战术弹道导弹

"飞毛腿"导弹（图4-54）是苏联在20世纪50年代研制的一种近程地地战术弹道导弹，是德国"V-2"导弹的仿制品，有A、B两种类型，可装配常规弹头

和核弹头，采用车载机动发射。A型于1957年服役；B型是A型的改进型，于1965年服役。

"飞毛腿"导弹地对地战役战术导弹主要用于攻击敌方战役纵深内高价值目标，消灭敌方核袭击兵器，摧毁敌方主要军事集团，实施远程核化学以及常规火力突击，杀伤破坏的主要目标是：敌方战役战术核兵器、机场航空兵、特

↑ 图4-54 "飞毛腿"战术弹道导弹（苏联/俄罗斯）

种武器仓库、重兵集团、战役军团指挥所、铁路枢纽、后勤保障基地等等。

"飞毛腿"导弹通常装备在苏联和俄罗斯的战役战术火箭部队，还曾经出口到东欧诸国及埃及、伊拉克、利比亚、叙利亚、朝鲜、伊朗等国家，直到20世纪90年代初期还在生产。伊拉克在引进"飞毛腿"导弹的基础上研制了自己的型号，其射程增至600千米，但精度有所下降，一般报道它的圆公算偏差范围为300米，实际在战场上使用时偏差达到1000米以上。

4.7.8 美国"战斧"巡航导弹

"战斧"巡航导弹（图4-55）是美国研制的中远程多用途巡航导弹，是世界上最著名的巡航导弹之一。该导弹于1972年开始研制，1983年末具备作战能力，陆续装备于核动力攻击潜艇、驱逐舰、巡洋舰和战列舰，主要用途是攻击陆上、海上的战略目标和重要战场目标，分为战略型和战术型。

"战斧"巡航导弹在设计上采取模块化的方式，在将弹头与导引系统替换之后，能够利用同样的弹体设计，满足不同任务需求（图4-56）。虽然"战斧"在设计

↑ 图4-55 美国"战斧"巡航导弹

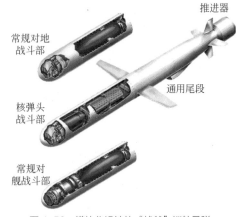

推进器

常规对地战斗部

核弹头战斗部

通用尾段

常规对舰战斗部

↑ 图4-56 模块化设计的"战斧"巡航导弹

上可以由多种载具发射，但空射型美国空军并未接受，陆射型在部署到欧洲地区之后又引发很大的抗议以及国际压力，在与苏联达成核武器谈判之后撤除，因此目前使用中的只有从水面舰艇发射和从潜艇发射这两类。

"战斧"巡航导弹时速可达 880 千米，最远射程达 2500 千米。自 1991 年海湾战争以来，这种巡航导弹在美国发动的高技术局部战争中得到广泛应用，已成为美军实现战场"零伤亡"构想的主力武器之一，先后参与了海湾战争、伊拉克战争、科索沃战争、利比亚战争等。

4.8 导弹发展展望

导弹技术是现代科学技术的集大成者，它的发展既依赖于科学与工业技术的进步，同时又可推动科学技术的发展，因而导弹技术水平成为衡量一个国家军事实力的重要标志之一。可以预见，未来导弹的发展还是各国科学技术的大比拼。以下从战略导弹和战术导弹两个方面介绍导弹的发展趋势。

战略导弹技术的发展趋势有以下几点。

① 潜射导弹将成为主导力量。潜射通常指潜艇从水下发射导弹，潜射导弹具有隐蔽性高、机动性好的特点，突防和生存的能力大为提高。美国已经大幅提高了潜射导弹在战略导弹中的比例，英国的战略导弹全是潜射导弹，法国的潜射导弹占战略导弹的 82% 以上。

② 缩短发射时间，增加弹头数量。战略导弹发射准备与发射时间缩短，可以提高战术攻击的效率；分导式多弹头技术可使一枚导弹携带多个弹头，打击多个目标，提高了攻击效率和杀伤力，未来还将通过提高弹头的威力，增加弹头的数目，提高其打击能力。

③ 增强突防能力，提高生存能力。针对敌方部署的导弹防御系统，战略导弹将采取快速助推、弹头打击时机灵活和电子战等技术，提高突防能力。欧美等国还通过加固发射井、发射方式多样化和分散配置导弹阵地等方式，提高战略导弹的生存和反击能力。

战术导弹的发展趋势有以下几点。

① 采用固体火箭发动机。这是因为战术导弹对机动性要求很高，发射准备时间要短，若采用液体发动机，鉴于燃料的腐蚀性强，需要发射前再临时灌注，而临时灌注至少需要几个小时的时间，这就导致使用液体火箭发动机的导弹难以快速反应，不能随时保持在战备状态。固体火箭发动机是使用固体推进剂的化学火箭发动机，不仅结构简单、可靠，而且满足快速机动的要求。

② 采用精确制导技术，提高命中精度。1973年第四次中东战争期间，埃及和以色列展开了一场坦克战。开战前3天，以军损失坦克约300辆，其中77%是被精确制导反坦克导弹击毁的。海湾战争被称作高技术武器的试验场，多种精确制导武器如"战斧"巡航导弹、"爱国者"防空导弹等各种精确制导导弹和激光制导导弹纷纷上场亮相。据统计，多国部队在海湾战争中使用的精确制导武器多达20余种。目前，精确制导武器系统注重向超远程、隐形、智能化方向发展。

③ 提高快速反应能力，以适应现代战争突发性和快速性的需要。战术导弹的普遍趋势是提高地面系统的自动化水平，缩短发射准备时间；采用轮式或履带式运载发射车，提高武器系统的快速机动能力。

亮点小知识：火箭与导弹这对孪生兄弟

　　火箭和导弹从外形上来看，两者没有什么区别。导弹和火箭相比，只是把计划搭载卫星等有效载荷的部分换成了搭载战斗部。火箭和导弹两者的发展相辅相成、互相支撑。

　　在液体火箭诞生之初，德国就开始秘密研制火箭武器——"V-1""V-2"两种投入实战的导弹。早期出现的一些导弹是用火箭来推进的，那时候火箭与导弹这两个名词时常混为一谈。

　　另外，早期用于发射航天器的运载火箭不少还是从导弹运载器派生出来的。如苏联发射世界上第一颗人造地球卫星的"卫星"号运载火箭，就是用苏联最早研制成功的"P-7"洲际战略导弹的运载器改制而成的（图4-57）。

图4-57　苏联的"卫星"号运载火箭（左）和"P-7"洲际战略导弹（右）

第5章
人造地球卫星

人造地球卫星用于在地球轨道进行军民应用、科学探测和研究，在对地探测、通信广播、气象预报、导航定位、资源勘查、环境监测、军事应用等方面发挥着重要作用。它已深入到生产和生活的各个领域，成为现代社会发展必不可少的有机组成部分。

5.1 人造卫星的定义、功能与分类

5.1.1 人造卫星的定义

正如第1章所述，人造地球卫星指环绕地球飞行并在空间轨道运行一圈以上的无人航天器，简称人造卫星。人造卫星是发射数量最多、用途最广、发展最快的航天器。人类发射的航天器中，90%以上是人造卫星。

人造卫星的运动服从开普勒行星运动定律，其轨道一般是以地球为焦点的椭圆，特殊情况下是以地球为圆心的圆。它们离地面的高度根据用途来确定，从几百千米到几万千米不等，但是一般不低于200千米。

5.1.2 人造卫星的功能

人造卫星种类繁多，应用广泛，几乎是无处不用、无所不能，渗透到了现代化生产的许多部门和人民生活的各个领域，在经济建设和国防建设中都有重要作用。这里介绍几种人造地球卫星最常见的功能。

（1）通信功能

人造卫星利用它距地球的高远位置优势，不受高山和海洋等地形约束，通过无线电波把世界各个角落都联系在一起（图5-1）。通常意义上，如果在距地面35786千米高的赤道上空等距部署3颗地球同步卫星，其发射的电波就可覆盖全球（不含两极）。通信类卫星就像是设在太空中的无线电中转站。

（2）遥感功能

人造卫星利用遥感设备对地球进行观察和探测，形成一类遥感卫星（图5-2）。气象卫星便是遥感卫星的一种。

⬆ 图5-1 卫星的通信功能　　　　　⬆ 图5-2 卫星的遥感功能

（3）空间科学探测实验功能

人造卫星处在高位置、高真空、微重力和强辐射环境，为科学探测和科学实验创造了特有的条件（图5-3）。由于太空没有重力，又没有大气干扰，人造卫星上的太空望远镜灵敏度大大提高，能更准确地观测到星体的几何形状和位置，更有利于研究它们的演化过程。

⬆ 图5-3　用于科学探测的太空望远镜

（4）军事应用功能

人造卫星利用其通信和遥感功能，可以富有成效地应用于军事通信、侦察、导

航、气象、测地、海洋监视和导弹预警，还可直接作为反卫星和反导弹工具（图5-4）。

5.1.3 人造卫星的分类

（1）按用途分类

人造地球卫星按用途分为科学卫星、应用卫星和技术试验卫星。

① 科学卫星 科学卫星是用于科学探测和研究的卫星（图5-5～图5-7），主要包括空间物理探测卫星和天文卫星，用来研究高层大气、地球辐射带、地球磁层、宇宙线、太阳辐射等，并且可以观察其他星体。

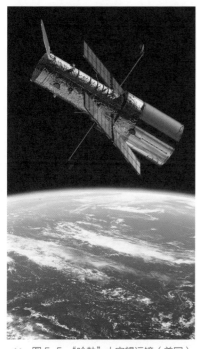

⇧ 图5-6 碳观测卫星（中国）

⇧ 图5-5 "哈勃"太空望远镜（美国）　　⇧ 图5-7 "墨子"号量子卫星（中国）

② 应用卫星 应用卫星是直接为人类服务的卫星，它的种类最多，数量最大，其中包括通信卫星、气象卫星、侦察卫星、导航卫星、测地卫星、地球资源卫星、截击卫星等（图5-8、图5-9）。应用卫星按是否可用于军事又可分为军用卫星和民用卫星，许多应用卫星是军民兼用的。

③ 技术试验卫星 技术试验卫星是进行新技术试验或为应用卫星进行试验的卫星（图5-10～图5-12）。航天技术中有很多新原理、新材料、新仪器，其能否使用，必须在天上进行试验；一种新卫星的性能如何，也只有把它发射到天上去

⊕ 图5-8 "东方红"号通信卫星（中国）

⊕ 图5-9 "风云"系列气象卫星（中国）

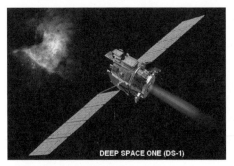

⊕ 图5-10 "深空"1号卫星（美国）

⊕ 图5-11 "轨道快车"号卫星（美国）

⊕ 图5-12 "实践"号卫星（中国）

实际"锻炼"，试验成功后才能应用。比如，人类上天之前必须先进行动物试验等，这些都是技术试验卫星的使命。

（2）按任务种类分

按照其执行任务的种类不同又可分为以下几种类型。

① 观察类卫星　这类卫星用于对地球进行光学等手段的观察，其中包括侦察卫星、气象卫星、地球资源卫星、海洋卫星。

气象卫星则是我们最为熟悉的卫星，我国宏观天气预报的信息都来自于气象卫星。我国发射的"风云"系列卫星（图5-13）就属于气象卫星。

↑ 图5-13　"风云"气象卫星（中国）

② 中继类卫星　这类卫星用于对信号进行中转，其中包括通信卫星、跟踪和数据中继卫星。

通信卫星广泛应用于电视转播等方面，我国的"东方红"系列卫星（图5-14）和"天通"系列卫星（图5-15）就属于通信卫星。

跟踪和数据中继卫星用于对卫星进行跟踪和对其他航天器的信号进行中继传输，相当于把地面上的测控站升高到了地球卫星轨道高度，我国的"天链"系列卫星（图5-16）就属于跟踪和数据中继卫星。

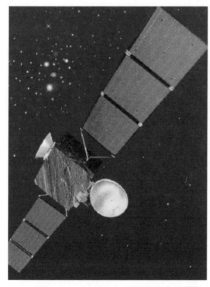

↑ 图5-14　"东方红"三号卫星（中国）

↑ 图5-15　"天通"卫星（中国）

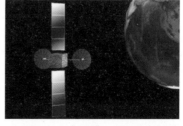

↑ 图5-16　"天链"一号卫星（中国）

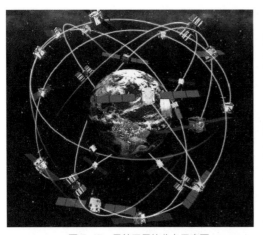

③ 基准类卫星　这类卫星用于提供位置的基准信息，其中包括导航卫星（图 5-17）、测地卫星。

导航卫星的任务是提供位置信息。目前，已开始运行的卫星导航系统有：美国的全球定位系统（GPS），是目前唯一覆盖全球的导航系统；俄罗斯的全球导航卫星系统（GLONASS），目前只覆盖俄罗斯境内；中国的"北斗"导航系统，目前以覆盖亚太地区为主，当前还处于发展阶段。此外，

⊕ 图 5-17　导航卫星的分布示意图

欧洲也正在开始建设"伽利略"导航定位系统。

测地卫星则用于对地球进行测量，可完成大地测量、地形测定、地图测绘、地球形状测量，以及重力和地磁场测定。

5.2　人造卫星的部件构成

人造卫星一般由有效载荷和卫星平台两部分构成（图 5-18）。有效载荷是指为了直接实现该卫星的应用目的或者科研任务的各种仪器设备。卫星平台则是用于支持有效载荷正常工作的所有保障系统的总称。

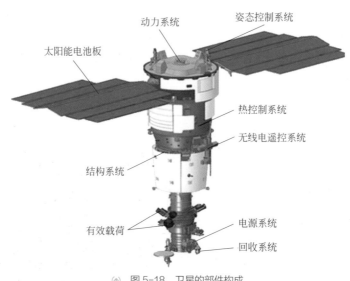

⊕ 图 5-18　卫星的部件构成

科学卫星的有效载荷是各种物理探测、天文探测仪器。

技术试验卫星的有效载荷则是各种新原理、新技术、新方案、新仪器设备和新材料的试验设备。

应用卫星的有效载荷按卫星的各种用途包括通信转发器、遥感器、导航设备等。

卫星平台用于保障卫星和有效载荷在空间的正常工作，也称服务系统。它包括结构系统、热控制系统、姿态控制系统、电源系统、无线电遥测及遥控和跟踪系统。对于返回卫星还需要有回收系统，有些需要实施变轨的卫星还有动力系统。

5.3 各国发射的人造地球卫星的概况

据报道，自 1957 年苏联成功发射世界上第一颗人造地球卫星以来，人类发射的航天器高达 8000 颗以上，其中 90% 以上是人造地球卫星。据统计，2016 年 8 月在地球轨道运行的人造地球卫星共有 1300 多颗，其中美国有 549 颗，俄罗斯有 130 余颗，我国有 140 余颗，欧洲其他国家、日本、印度也有一定数量的在轨卫星。各国在轨卫星数量估计如图 5-19 所示。

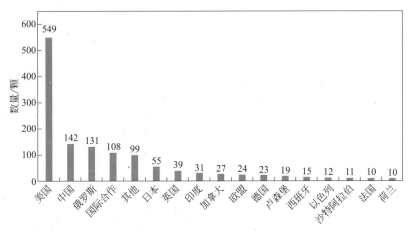

⤊ 图 5-19 各国在轨卫星数量估计（2016 年 8 月）

我国近年来航天事业发展较迅速，据国家航天局在 2018 年"中国航天日"（每年 4 月 24 日）新闻发布会上透露，目前我国在轨卫星超过 200 颗。

各国发射的第一颗人造地球卫星主要情况如下。

苏联第一颗人造地球卫星——"斯普特尼克"1 号，于 1957 年 10 月 4 日成功发射。该星重 80 多千克。该卫星的成功发射揭开了人类向太空进军的序幕，大大激发了世界各国研制和发射卫星的热情。

美国第一颗人造卫星——"探险者"1 号，于 1958 年 1 月成功发射。该星重

8.22 千克。

法国第一颗人造卫星——"试验卫星"1 号，于 1965 年 11 月成功发射。该星重约 42 千克。

日本第一颗人造卫星——"大隅"号，于 1970 年 2 月成功发射。该星重约 9.4 千克。

中国第一颗人造卫星——"东方红"一号，于 1970 年 4 月成功发射。该星直径约 1 米，重 173 千克。

英国第一颗人造卫星——"普罗斯帕罗"号，于 1971 年 10 月成功发射。该星重 66 千克。

5.4 著名的人造卫星及人造卫星系统

5.4.1 "斯普特尼克"1 号

"斯普特尼克"1 号是人类第一颗人造卫星（图 5-20），为铝制球体，直径 58 厘米，重 83.6 千克，有 4 根鞭状天线，内装有科学仪器。

"斯普特尼克"1 号于 1957 年 10 月 4 日由苏联在拜科努尔航天中心发射升空，升空后发射了 3 个星期信号，在轨道上度过 3 个多月，围绕地球转了 1400 多圈，最后坠入大气层消失。"斯普特尼克"1 号是航天启蒙时代的产物，是冷战时期太空竞争的标志。

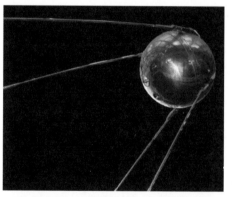

图 5-20 "斯普特尼克"1 号卫星（苏联）

5.4.2 "东方红"一号

"东方红"一号卫星（图 5-21），是中国于 1970 年 4 月 24 日 21 时 35 分发射的第一颗人造地球卫星，是由以钱学森为首任院长的中国空间技术研究院自行

图 5-21 "东方红"一号卫星（中国）

研制。

　　该卫星的发射成功标志着中国成为继苏联、美国、法国、日本之后世界上第五个用自制火箭发射国产卫星的国家。"东方红"一号卫星也是那个年代，各个国家发射的第一颗卫星中重量最重的。

　　该卫星设计的工作寿命为 20 天，但它实际在太空中工作了 28 天，至 1970 年 5 月 14 日停止发射信号，与地面失去了联系。

　　"东方红"一号卫星与之前发射成功的中国第一枚导弹（1960 年 11 月 5 日）、之前爆炸成功的核弹［包括中国第一颗原子弹（1964 年 10 月 16 日）及中国第一颗氢弹（1967 年 6 月 17 日）］，合称为中国的"两弹一星"，是新中国成立后创建的辉煌伟业。

5.4.3　GPS全球卫星定位系统

　　GPS 是由美国国防部研制建立的一种具有全方位、全天候、全时段、高精度的卫星导航系统，它可以在全球范围内进行实时定位、导航，能为全球用户提供低成本、高精度的三维位置、速度和精确定时等导航信息，是卫星通信技术在导航领域的应用典范，它极大地提高了地球的社会信息化水平，有力地推动了数字经济的发展。

　　GPS 起始于 1958 年美国军方的一个项目，1964 年投入使用。20 世纪 70 年代，美国陆海空三军联合研制了新一代卫星定位系统 GPS。主要目的是为陆海空三大领域提供实时、全天候和全球性的导航服务，并用于情报搜集、核爆监测和应急通信等一些军事目的。经过 20 余年的研究实验，耗资 300 亿美元，到 1994 年，全球覆盖率高达 98% 的 24 颗 GPS 卫星星座已布设完成，此后根据运行情况不断发射新的卫星更替退役的卫星。

　　目前国际上商用定位，如汽车、手机等主要的定位功能都是靠美国的 GPS 系统实现的。但是，由于军事定位导航的需求不能用美国的系统来满足，因此出于自身安全的考虑，各个军事大国都在发展自己的全球卫星定位系统，如俄罗斯的"格洛纳斯"、欧洲的"伽利略"、中国的"北斗"。

　　GPS 主要由空间卫星星座、地面监控站及用户设备三部分构成，其他的导航系统也类似。

（1）卫星星座

　　GPS 空间卫星星座由 21 颗工作卫星和 3 颗在轨备用卫星组成（图 5-22）。24 颗卫星均匀分布在 6 个轨道平面内，轨道平面的倾角为 55°，卫星的平均高度为 20200 千米，运行周期为 11 小时 58 分钟。卫星用 L 波段的两个无线电载波向广大用户连续不断地发送导航定位信号，导航定位信号中含有卫星的位置信息，使卫星成为一个动态的已知点。在地球的任何地点、任何时刻，在高度角 15°以上，平均可同时观测到 6 颗卫星，最多可达到 9 颗。GPS 卫星产生两组电码，一组是精度稍低的 C/A 码（coarse/acquisition code，11023MHz），一组是精度很高的 P 码（precise code，10123MHz）。

⊕ 图 5-22　GPS 卫星（美国）

（2）地面监控站

地面控制部分由一个主控站、5 个全球监测站和 3 个地面控制站组成（图5-23）。监测站均配装有精密的铯钟和能够连续测量到所有可见卫星的接收机。监测站将取得的卫星观测数据，经过初步处理后，传送到主控站。主控站从各监测站收集跟踪数据，计算出卫星的轨道和时钟参数，然后将结果送到 3 个地面控制站。地面控制站在每颗卫星运行至上空时，把这些导航数据及主控站指令注入到卫星。这种注入对每颗 GPS 卫星每天一次，并在卫星离开注入站作用范围之前进行最后的注入。如果某地面站发生故障，那么在卫星中预存的导航信息还可用一段时间，但导航精度会逐渐降低。

（3）用户设备

GPS 用户设备由 GPS 接收机（图 5-24）、数据处理软件及其终端设备（如计算机）等组成。GPS 接收机可捕获到按一定卫星高度截止角所选择的待测卫星的信号，跟踪卫星的运行，并对信号进行交换、放大和处理，再通过计算机和相应软件求出 GPS 接收机中心的三维坐标。GPS 接收机的结构分为天线单元和接收单元两部分。现今，各种类型的接收机体积越来越小，质量越来越轻，便于野外观测使用。

⊕ 图 5-23　GPS 地面监控站

⊕ 图 5-24　GPS 用户设备的接收模块

5.5 人造卫星发展展望

人造卫星尤其是通信卫星的发展极大地影响着人们的生活，那么未来人造卫星发展有哪些趋势呢？小型/微型化、网络化、融合化是重要的发展趋势。

（1）小型化/微型化

卫星设计领域有这样一种说法："一代卫星的总师是搞结构的，二代卫星的总师是搞控制的，三代卫星的总师是搞电子的。"近年来卫星总体是向着越来越小的方向发展的。随着微纳技术及微电子机械系统技术的迅猛发展，卫星朝着集成度高、体积小、质量轻、费用低等方向发展。纳型/皮型卫星技术处于微纳技术及卫星技术发展的最前沿。

纳卫星（nano satellite）通常指质量小于10千克、具有实际使用功能的卫星。与微型卫星相比，纳型卫星对遥感系统在质量、体积、功耗等方面的要求更加苛刻。它是基于微电子技术、微机电技术、微光电技术等微米/纳米技术而发展起来的，卫星的一体化设计和集成度更高，体现了航天器微小化的发展趋势。虽然纳卫星的体积和质量远远小于传统卫星，但其组成结构及研制流程却与传统卫星相差不多。

皮卫星（pico satellite）是指质量为千克级的微小卫星。相对于较大卫星，成本低廉、制造和发射周期短、应急反应快是皮卫星的最大优势。制造一颗大卫星的成本在10～20亿元左右，需要花费至少2年时间；制造一颗微小卫星也需要几亿元；但制造一颗皮卫星，成本仅为几百万元，时间仅需要几个月。

（2）网络化

美国前副总统戈尔在1998年提出数字地球的概念。数字地球即把整个地球信息化，把地球每一点的所有信息，依据地理坐标，构成既有空间维度又有时间维度的全球信息模型，并将其数字化，使人们能够快速准确地了解、利用和保护人类赖以生存的地球。

数字地球的实现，离不开卫星遥感、卫星通信、卫星导航定位等技术的重大发展。这样大规模的信息处理与传递，仅靠一两颗、一两种卫星是远远不够的，需要由多颗卫星构成天基综合信息网。这就对卫星的网络化发展提出了要求。

（3）融合化

未来微型系统的应用会和地面系统和空中系统进行融合，同时各个卫星系统也会相互融合，如通信卫星与导航卫星融合。这样可以使卫星系统发挥出立体化的功能。

亮点小知识："北斗"导航系统

中国"北斗"卫星导航系统是中国自行研制的全球卫星导航系统（图5-25）。

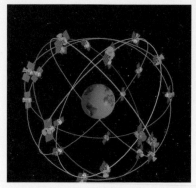

⬆ 图5-25 "北斗"导航系统

"北斗"卫星导航系统由空间段、地面段和用户段三部分组成。空间段包括5颗静止轨道卫星和30颗非静止轨道卫星；地面段包括主控站、注入站和监测站等若干个地面站；用户段包括"北斗"用户终端以及与其他卫星导航系统兼容的终端。

"北斗"系统预期可在全球范围内全天候、全天时为各类用户提供高精度、高可靠定位、导航、授时服务，并具短报文通信能力。

目前，我国"北斗"卫星导航系统已具备覆盖亚太地区的定位、导航、授时以及短报文通信服务能力，并进入应用阶段，预期2020年左右覆盖全球。

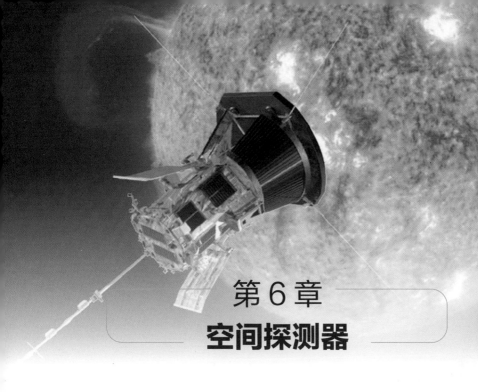

第6章
空间探测器

空间探测器又称深空探测器或宇宙探测器，是一种对月球和月球以外的天体和空间进行探测的无人航天器，也是人类探测宇宙空间的主要工具。探测的主要目的是：了解太阳系的起源、演变和现状；通过对太阳系内各主要行星的比较研究，进一步认识地球环境的形成和演变；了解太阳系的变化历史；探索生命的起源和演变。

6.1　空间探测器简介

空间探测器（图6-1）按探测的对象可分为月球探测器、行星和行星际探测器、小天体探测器等。目前，人类所发射的空间探测器已经对太阳、各个行星和"哈雷"彗星进行了探测，对个别行星的卫星也进行了探测。

空间探测的主要方式有：从月球、行星或恒星近旁飞过，进行近

⊛　图6-1　空间探测器

距离观察；成为月球、行星或恒星的人造卫星，进行长期的反复观测；在月球、行星或恒星表面硬着陆，利用坠毁之前的短暂时机进行探测；在月球、行星或恒星表面软着陆，进行实地考察，也可将取得的样品送回地球进行研究。

人类对于太阳系天体开展深空探测的活动有 200 多次，成功和部分成功的加起来占一半左右。美国和苏联是开展空间探测活动比较多的国家，发射的探测器数量都在 100 次左右，欧洲一些国家、日本、中国、印度近年来也在积极开展深空探测活动。

按探测对象统计，人类已开展的深空探测中，探测月球的任务占深空探测的50% 左右，探测火星的任务占 17% 左右，探测金星的任务占 18% 左右，探测太阳的任务占 5% 左右，对其他天体的探测加起来占 10% 左右。

空间探测器装载科学探测仪器，由运载火箭送入太空，飞近月球或行星等地外星体进行近距离观测，甚至着陆进行实地考察，如在月球采集样品进行研究分析甚至带回地球进行研究分析。

空间探测器离开地球时必须获得足够大的速度才能摆脱地球引力，实现深空飞行。探测器如果沿着与地球轨道和目标行星轨道都相切的日心椭圆轨道（双切轨道）运行，就可能与目标行星相遇；进一步增大飞行速度，还能改变飞行轨道，从而可以缩短飞抵目标行星的时间。

为了保证探测器沿双切轨道飞到与目标行星轨道相切处时，目标行星恰好也运行到该处，必须选择在地球和目标行星处于某一特定相对位置的时刻发射探测器。此外，探测器可以在绕飞行星时，利用行星引力场加速，实现连续绕飞多个行星。

空间探测器具有一些显著的特点：在空间进行长期飞行（飞抵目标有的需要几个月、几年甚至更长）时，地面不能进行实时遥控，所以必须具备自主导航能力；向距离太阳比较远的星体飞行时，其飞行轨道将逐渐远离太阳，不能采用太阳能电池阵，而必须采用核能源系统；必须承受十分严酷的空间环境条件，需要采用特殊防护结构；与人造地球卫星相比，离开地球所需的飞行速度更大等。

6.2　国内外著名的空间探测器

自 1957 年 10 月 4 日第一颗人造卫星发射上天到 2000 年为止，全世界已发射了 100 多个空间探测器，它们对宇宙空间的探测取得了丰硕成果，所获得的宇宙知识超过了人类数千年所获宇宙知识总和的千百万倍。

人类已经跨过近地空间到月球以及月球以外的深空进行探测活动，各种空间探测器相继考察了月球，拜访了太阳系的水星、金星、火星、木星、土星、天王星、海王星以及彗星等。其中对月球的考察最详细，甚至派遣了航天员赴月球实地考察；对金星、火星不仅拍摄绘制了地形图，而且还多次发射无人探测器在金星和火星表面着陆进行科学考察。

这些空间探测器初步揭开了月球和太阳系各大行星的奥秘，为人类获得了大量有关各行星表面、大气和周围空间及行星际空间的资料，扩展了人类对行星地质、地貌、磁场、辐射带和大气成分以及行星际空间的研究和认识，也揭开了许多过去天文学家们争议不休的不解之谜。

6.2.1　太阳探测器

（1）"太阳神"号探测器

太阳探测器自然是指对太阳进行探测的空间探测器。"太阳神"号探测器（图6-2）是德国与美国合作发射的空间探测器，1974年12月10日发射成功，其主要任务是研究太阳、太阳－行星关系、太阳风、行星际磁场、宇宙线、微流星体等。

"太阳神"号探测器可承受很高的太阳辐射热负荷。其天线系统抛物面反射器的温度达到400℃，太阳能电池在128℃时仍能正常工作。"太阳神"号探测器装有以下8种仪器：等离子体探测器、磁通门式磁强计、线圈式磁强计、射电探测仪、空间望远镜、电子探测仪、黄道光光度计和微流星分析器。

（2）"尤利西斯"号太阳探测器

美国和欧洲联合研制的"尤利西斯"号太阳探测器（图6-3），是最为著名的太阳探测器。该探测器重385千克，靠钚核反应堆提供工作能量，共装有9台科学仪器。1990年10月6日，美国"发现"号航天飞机将"尤利西斯"号太阳探测器送入太空，把对太阳的探测活动推向一个新的阶段。1994年8月，探测器飞抵太阳南极区域并绕太阳运转，横跨太阳赤道后到达太阳北极，它绕太阳飞行的轨

⊕ 图6-2　"太阳神"号太阳探测器（德国、美国）

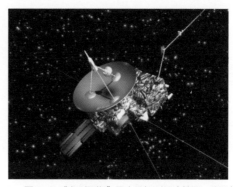

⊕ 图6-3　"尤利西斯"号太阳探测器（美国、欧洲）

道呈圆形，离太阳最远时为 8 亿千米，最近时为 1.93 亿千米。

　　地球等太阳系行星和大部分探测器都是在位于太阳中部的黄道平面内运行，而"尤利西斯"号的运行轨道差不多和黄道平面垂直，这使科学家可以近距离观察太阳两极地区。"尤利西斯"号绕太阳飞行时，对太阳表面一览无余，能够全方位地观测太阳，揭示了太阳磁场对整个太阳系的影响，发现了太阳风的速度会随着纬度的递增而加快。它传回的探测数据改变了人们对太阳风、太阳磁场以及太阳表面活动情况的认识，使科学家发现了更多银河系以及宇宙的奥秘。

　　此外，"尤利西斯"号还创下了人类观测太阳最长时间的纪录，在轨工作了 18 年。

　　2018 年 8 月 21 日，美国成功发射了"帕克"太阳探测器，掀开了太阳探测新篇章。

6.2.2　行星探测器

（1）水星探测器

　　2004 年 8 月，美国"信使"号水星探测器（图 6-4）发射升空，至 2011 年3 月，历时 6 年多才进入水星轨道，成为第一颗进入水星轨道的探测器。"信使"号探测器携带着 7 种科学仪器，用于研究水星的化学成分、地质学和磁场等。

⊕ 图 6-4 "信使"号水星探测器（美国）

　　水星虽然离地球不算太远，但是要发射探测器成为水星的人造卫星并非易事，由于水星离太阳很近，想要克服太阳的拖曳而进入水星的轨道，必须走一条迂回曲折的道路，需要进行多次的减速。自发射以来，"信使"号已多次飞越金星、地球和水星进行减速，在这些"引力辅助"下的机动过程中，大大消耗了"信使"号所携带的燃料，因此"信使"号进入水星轨道后所剩燃料已经非常有限了。

（2）金星探测器

　　金星是除太阳、月亮之外天空中肉眼能够看到的最明亮的星星，人类对于金星的探测，在 20 世纪 60 年代由苏联率先开展，先后发射过多个探测器，部分探测器还携带有登陆器，并成功地在金星表面软着陆，进行岩石标本采集和分析。

　　1961 年 2 月 12 日，苏联发射了"金星"1 号探测器，但在距地球 756 万千米时通信中断，无法得到探测的结果。1967 年 6 月 12 日，"金星"4 号探测器经过了大约 35000 万千米的飞行，进入金星大气层，成功登陆金星表面，但是由于金星大气的压力和温度比预想的高得多，使着陆舱受损，未能发回金星探测结果。

1970 年 12 月 15 日，"金星" 7 号在金星实现软着陆，成功传回金星表面温度等数据资料，测得金星表面温度为 447℃，气压为 90 个大气压，大气密度约为地球的 100 倍。此后，苏联又相继发射了 9 个"金星"号探测器，其中"金星" 9 号和"金星" 10 号在金星表面各拍摄了一张金星全景照片，首次向人们展露出金星的容颜；"金星" 13 号和"金星" 14 号拍得 4 张金星表面彩色照片，从这些照片上发现，金星表面覆盖着褐色的沙土，岩石结构像光滑的层状板块；"金星" 15 号和"金星" 16 号通过雷达对金星表面进行了综合考察，获得许多宝贵资料，为人们认识金星、了解金星做出了巨大贡献。

美国金星探测则是后来居上，先后发射了"水手"系列探测器、"先驱者－金星"系列探测器和"麦哲伦"号探测器（图 6-5）。"麦哲伦"号是迄今为止最先进、最为成功的金星探测器，它于 1989 年 5 月由"亚特兰蒂斯"号航天飞机携带上太空后，依靠自身的火箭开始了飞往金星的航程，"麦哲伦"号经过 15 个月的航行之后才进入围绕金星的轨道。

欧洲在金星探测方面也不甘示弱，2005 年 11 月 9 日欧洲"金星快车"探测器（图 6-6）搭乘俄罗斯"联盟"运载火箭从哈萨克斯坦境内的拜科努尔发射场升空。"金星快车"探测器于 2006 年 4 月进入金星极地轨道，每 24 小时围绕金星飞行一圈，对金星进行为期 486 天的探测。

⊕ 图 6-5 "麦哲伦"号金星探测器（美国）

⊕ 图 6-6 "金星快车"金星探测器（欧洲）

（3）火星探测器

火星探测器是一种用来探测火星的人造航天器。

火星被认为是除地球外最适合人类居住的一颗行星。2008 年美国"凤凰"号火星探测器通过拾取火星土壤并分析证实，火星地表之下存在人类赖以生存的水，这更激起人们对火星上是否存在生命的探究。由于火星和地球 2 年左右才接近一次，即便火星和地球最近的时候，无线电波单程传输也要花十几到二十分钟，向火星发射的探测器也要在太空飞行 7 个月以上才能抵达火星，这无疑在一定程度上增加了探测难度。因此，在对火星进行探测的道路上，虽然苏联（俄罗斯）、美国、欧洲、中国等国家都一直在进行不懈的努力，但目前只有美国比较成功，并远远地走在世界的前列，其他国家大多以失败告终或刚刚起步。在人类向火星发射的 30 多颗探测器中，多半都以失败告终，而火星探测也就是在一次又一次的失败中不断前进。

苏联是最早对火星进行探测的国家，但其探索之路可谓艰难坎坷。1962 年 11 月发射的"火星"1 号在距地球 1 亿多千米的地方通信中断，考察失败。1971 年 5 月发射的"火星"2 号探测器，包括了一个轨道飞行器和一个登陆器。尽管这个登陆器在长途旅行中一直保持良好状态，可是在着陆过程中正好遇上火星表面发生大规模尘暴，结果"火星"2 号登陆器一头撞进火星上的海拉斯盆地。虽然它没有获取任何探测数据和图像，但是它仍然是第一个在火星表面着陆的人造探测器，轨道飞行器则一直工作到 1972 年。

1971 年 5 月发射的"火星"3 号探测器虽然到达火星，但未完成预定的探测计划。1973 年苏联连续向火星发射了 4 枚探测器，但是都没有完成它们的探测任务。"火星"4 号和"火星"5 号都于 1973 年 7 月发射升空，都于 1974 年 2 月到达火星附近，但"火星"4 号没能成功进入环绕火星轨道，而"火星"5 号则在进入环绕火星轨道不久后就丢失了。"火星"6 号和"火星"7 号都携带有轨道飞行器和着陆器，它们都于 1973 年 8 月发射升空，然后也都于 1974 年 3 月到达火星附近，但"火星"6 号的着陆器成功进入火星大气层并打开降落伞后就丢失了，而"火星"7 号甚至还没进入环绕火星轨道就丢失了。

1988 年 7 月苏联发射的"福布斯"1 号在宇宙空间已失去联系；1988 年 7 月发射的"福布斯"2 号对火卫一考察一段时间后，出现故障。1996 年 12 月俄罗斯再次发射"火星 – 96"火星探测器，但在发射后因故障坠入大海。2011 年 11 月 10 日，俄罗斯"福布斯 – 土壤"火星探测器发射成功，但不久因为变轨失败而告终。"福布斯 – 土壤"探测器上还搭载着中国的"萤火"一号火星探测器（图 6-7），这也意味着中国"借船出海"的火星探测计划暂时告一段落。在这几十年里面，俄罗斯也向火星发射过一些其他的探测器，但都以失败告终。

美国无疑是探测火星的最成功者。1965 年美国"水手"4 号探测器飞越火星，从距离火星 1 万千米处拍摄了二十多幅照片发回地球，

⊕ 图 6-7 "萤火"一号火星探测器（中国）

问天神器——航天器、火箭与导弹的奥秘

成为历史上第一个成功飞越火星的探测器。1972年，"水手"9号沿火星轨道飞行成为火星的第一颗人造卫星，环绕火星轨道进行长期考察。

1975年8月20日和9月9日，美国发射了两个"海盗"号探测器，用于探索火星上有无生物。这两个探测器由轨道飞行器和着陆器组成。"海盗"1号和"海盗"2号的着陆器分别于1976年7月20日和9月3日在火星表面软着陆成功。

美国发射的"火星探路者"号于1997年7月4日在火星表面着陆。它携带的"索杰纳"号火星车，成为人类送往火星的第一部火星车。

1999年1月，"火星极地着陆者"号发射成功，但当年12月在火星南极降落过程中，着陆器以及携带的两个小型探测器与地球失去联系。2001年4月，"奥德赛"号探测器发射，于当年10月抵达绕火星轨道，并一直按计划工作着。

2003年，"勇气"号和"机遇"号火星车分别于6月和7月发射升空，随后成功在火星表面着陆并进行探测，其中"机遇"号（图6-8）在火星上工作了8年多，并发现在火星地表存在水。

2007年8月，"凤凰"号火星探测器（图6-9）升空，并于2008年5月成功降落在火星北极附近区域，此后通过对火星的土壤采样证实了火星存在水。

⤊ 图6-8 "机遇"号火星车（美国）

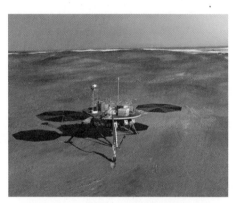

⤊ 图6-9 "凤凰"号火星探测器（美国）

在"机遇"号、"勇气"号、"凤凰"号火星探测器取得成功的基础上，2011年11月"好奇"号火星探测器发射成功（图6-10），它是美国国家宇航局研制的执行火星探测任务的火星车。2012年8月，"好奇"号成功登陆火星表面，它是美国第7个火星着陆探测器、第4台火星车，也是世界上第一辆采用核

⤊ 图6-10 "好奇"号火星探测器（美国）

动力驱动的火星车，其使命是探寻火星上的生命元素。"好奇"号扩大了美国宇航局对火星的探索领域，有助于天文学家更好地了解这颗红色行星是否存在水，并弄清火星上是否存在生命，以及火星的可居性问题，为人类探索任务做准备。

欧洲和印度也成功发射过火星探测器，并进入火星轨道。

（4）小行星带探测器

美国的"先驱者"10号（图6-11）于1972年3月2日发射成功，其主要目的是研究小行星带、木星的周围环境等。它是人类史上第一个安全通过火星与木星之间有如地雷阵般危险的小行星带，以及第一个拜访木星的航天器，也是人

类向太阳系以外送去的第一个人造物体。经过近两年的长途跋涉，穿过危险的小行星带，闯过木星周围的强辐射区，"先驱者"10号于1973年12月3日与木星相会。

它飞临木星时，沿木星赤道平面从木星右侧绕过，在距木星13万千米的地方，拍摄了第一张木星照片，并进行了十多项实验和测

↑ 图6-11 "先驱者"10号行星、行星际探测器（美国）

量，向地球发回了第一批木星资料，为揭开木星的奥秘奠定基础。

此后，在木星巨大的引力加速下，"先驱者"10号一直向太阳系边缘飞去，于1989年5月24日飞越过冥王星轨道，带着给"外星人"的"礼品"——"地球名片"，向银河系漫游而去。

2003年2月26日，美国宇航局发言人宣布："先驱者"10号携带的11台微型热核发电机目前仅有1台在工作，传回地面的信号已极其微弱，航天科学家们已经无法再收到"先驱者"10号太空探测器发回的信号，并将放弃所有的努力。这标志着这个31年前发射升空计划飞离太阳系的飞船最终告别了人类。其实它的表现已经远远超出了科学家最初对它的期望，科学家本期望它能完成21个月的太空探测任务，而它竟然为科学家们服务了31年。

（5）木星探测器

"伽利略"号（图6-12）是美国航天局首个进入木星轨道的探测器，也是美国宇航局发射的最成功的探测器之一，专门用于研究木星及其卫星。"伽利略"号于

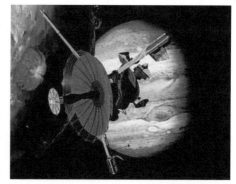

↑ 图6-12 "伽利略"号木星探测器（美国）

1989 年 10 月由 "亚特兰蒂斯" 号航天飞机运送升空，于 1995 年 12 月进入木星轨道；完成探测任务之后，于 2003 年 9 月主动坠毁于木星。

"伽利略" 号创造了一系列记录：绕木星运行 34 周，与木星主要卫星 35 次相遇，在木星的 3 颗卫星上发现了地下液态水存在的证据，第一次从轨道上对木星系统进行了完整考察，第一次对木星大气进行了直接测量。

在 1994 年的彗星撞木星天文奇观中，"伽利略" 号还观测了 "苏梅克 – 列维" 9 号彗星的碎片撞入木星的过程，而地球上的望远镜则要等待木星自转过来观测其阴影。

"伽利略" 号对研究木星的卫星也做出了很大的贡献，在 "伽利略" 号到达木星之前，人们一共发现了 16 颗木星的卫星，而 "伽利略" 号到达后又发现了多个卫星，现在这个数字已经上升到了 60 多个。

"朱诺" 号木星探测器（图 6-13）是美国宇航局 "新疆界" 计划实施的第二个探测项目，第一个项目是于 2006 年发射的 "新视野" 号冥王星探测器。"朱诺" 号由美国洛克希德·马丁公司制造，美国宇航局下属喷气推进实验室负责整个探测任务的运行。

2011 年 8 月 5 日，"朱诺" 号木星探测器从美国佛罗里达州卡纳维拉尔角点火升空，开始踏上远征木星之旅。2016 年 1 月 13 日，"朱诺" 号打破依靠太阳能提供能源的探测器的最远航行记录，当时它距离太阳约 7.93 亿千米，相比较地球到太阳的距离只有约 1.5 亿千米。2016 年 7 月 5 日，"朱诺" 号成功进入木星轨道，这是自 2003 年 "伽利略" 号结束木星探测任务以后，13 年来首个绕木星工作的探测器。

（6）土星探测器

"卡西尼 – 惠更斯" 号土星探测器（图 6-14）是由美国国家航空航天局、欧洲空间局和意大利航天局合作完成的，是人类迄今为止发射的规模最大、复杂程度

⊙ 图 6-13 "朱诺" 号木星探测器（美国）

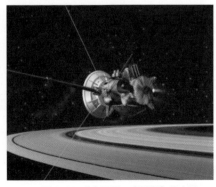

⊙ 图 6-14 "卡西尼 – 惠更斯" 号土星探测器（美国、欧洲）

最高的行星探测器之一。

1997年10月，"卡西尼－惠更斯"号成功发射升空，采用先后向金星、地球、木星借力的方式向土星靠近。2004年7月，"卡西尼－惠更斯"号进入土星轨道，入轨后放出"惠更斯"号探测器飞往土星的一颗卫星——土卫六，成功登陆土卫六并对其进行探测，"卡西尼"号则进行对土星的持续探测。"惠更斯"号成功登陆土卫六后，探测到土卫六可能存在液态水海洋。

通过"卡西尼－惠更斯"号的持续探索，科学家探知了土星光环的结构、演化过程，并且了解到土卫六拥有类似史前地球的大气层，还可能有液态甲烷组成的海洋，它的内部可能存在原始生命。

（7）天王星、海王星探测器

20世纪70年代末，美国利用一次几百年一遇的行星排列机会（多颗行星排列成接近直线），发射了"旅行者"1号、"旅行者"2号两颗外行星探测器（图6-15）。"旅行者"1号在飞过木星和土星后，完成了自己的绝大部分使命。而"旅行者"2号则继续飞行，成为第一个造访天王星和海王星的探测器。

↑ 图6-15 "旅行者"号空间探测器（美国）

"旅行者"2号于1977年8月发射升空，1979年7月9日经过木星，1981年8月25日接近土星，1986年1月经过天王星，1989年8月经过海王星。在经过天王星的时候，发现了10颗之前未知的天王星的卫星。在经过海王星的时候，还飞向海王星的一颗卫星——海卫一进行了考察。

此后，"旅行者"2号逐渐向离开太阳系的方向继续飞行，2010年4月，"旅行者"2号飞行至太阳系的边缘。在这期间"旅行者"2号向地球发送出一些非常奇怪的信号，13小时后，信号被NASA的深空天线成功接收，但遗憾的是NASA的科学家们至今仍无法破解这些信号的含义。

据天文学家们的计算，如果"旅行者"2号能一直顺利地飞行下去，从理论上讲，其将在公元8571年飞抵距离地球4光年的Barnard恒星附近；到公元20319年，其将飞抵距离半人马座3.5光年的地方；到296036年，其将到达距离天狼星最近处（约4.3光年）。

与"旅行者"1号探测器一样，"旅行者"2号也携带有一批所谓的"地球名片"——其中包括刻着各种几何图案的镀金铜片，以及记录有地球上各种声音的唱盘，为的是让可能存在的外星智慧生物知道地球上也存在着生命。据称，"旅行者"2号将会继续传送信号直至2020年左右。

此外，除了天王星与海王星的探测任务，1994年7月16日至22日，"苏梅克－列维"9号彗星的碎片相继进入木星的大气层，"旅行者"2号探测器在距离木星大约60亿千米处，主要通过紫外光谱和行星射电观测仪对彗星撞木星事件进行观测，这是人类首次观测到太阳系内与行星有关的天体相撞事件。

（8）冥王星探测器

"新视野"号探测器（图6-16）是美国国家航空航天局于2006年1月19日在肯尼迪航天中心发射升空的冥王星探测器，其主要任务是探测冥王星及其最大的卫星——卡戎和探测位于柯伊柏带的小行星群。"新视野"号是人类至今发射过起始速度最快的探测器，时速高达4.99万千米/小时，于北京时间2015年7月14日19时49分飞掠冥王星。"新视野"

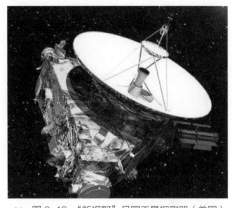

图6-16 "新视野"号冥王星探测器（美国）

号携带有冥王星发现人克莱德·汤博的部分骨灰、美国国旗和一张CD，CD中刻有在"飞向冥王星"网站上将近45万签名的网友姓名。

"新视野"号探测器于2015年7月14日飞越冥王星轨道，拍摄了迄今为止最为清晰的冥王星照片，便于科学家进一步研究冥王星，此次拍摄的冥王星图片上显示出，冥王星表面出现一个"心形"的浅色光影，横跨约2000千米，且还布满可能是冰冠的亮点。此外，科学家早前亦从相片中发现，冥王星两极特别明亮，或许有氮冰覆盖。

考察冥王星任务结束后，"新视野"号探测器已经成功进行四次机动，目前向柯伊柏带天体2014 MU69前进，预计在2020年抵达一个由彗星和其他宇宙碎片构成的中间环带——柯伊柏带，探测至少两个直径为40～90千米的柯伊柏带天体，这一阶段可能会持续5～10年。

6.2.3 卫星探测器

（1）月球探测器

在成功实现人造地球卫星的壮举之后，人类已经不满足于在地球的范畴里了，而把眼光开始投向其他天体，这自然会想到离我们最近的月球。20世纪50年代末至今，美国、苏联/俄罗斯、日本、欧洲空间局、中国和印度先后进行了月球探测。苏联和美国是最早进行月球探测的国家。

1959～1976年是月球探测的高峰时期，美国和苏联共发射了83个无人月球探测器。其中，美国 36 个，主要有"先驱者"系列、"徘徊者"系列、"月球轨道器"系列和"勘测者"系列；苏联 47 个，主要有"月球号"系列、"宇宙号"系列和"探测器"系列。它们有的从月球近旁飞过，有的与月球相撞，有的绕月飞行，有的在月表软着陆。

对于月球的探索，一般分为三个阶段，分别是"探月""登月""驻月"。所谓"探月"即发射探测器对月球进行探测；所谓"登月"即人类登上月球表面；所谓"驻月"则是在月球进行长期驻扎开展科学试验。利用探测器对月球进行探测是第一步。

1958 ~ 1976 年，苏联发射了 24 个"月球"号探测器，其中 18 个完成探测月球的任务。1959 年 9 月发射的"月球"2 号，两天后飞抵月球，在月球表面的澄海（月球的一个地名，并不是海）硬着陆（撞上月球而报废），成为到达月球的第一位使者，首次实现了从地球到另一个天体的飞行。同年 10 月"月球"3 号探测器飞往月球，3 天后环绕到月球背面，拍摄了第一张月球背面的照片，让人们首次看全了月球的面貌。

世界上率先在月球软着陆的探测器，是 1966 年 1 月发射的"月球"9 号。它经过 79 小时的长途飞行之后，在月球的风暴洋附近着陆，用摄像机拍摄了月面照片。1970 年 9 月发射的"月球"16 号，8 天后在月面丰富海软着陆，第一次使用钻头采集了 120 克月岩样品，装入回收舱的密封容器里带回地球。

1970 年 11 月，"月球"17 号载着世界上第一辆自动月球车——"月球车"1 号上天。在月面雨海着陆后，"月球车"1 号下到月面进行了 10 个半月的科学考察。这辆月球车重 756 千克，长 2.2 米，宽 1.6 米，装有电视摄像机和核能源装置。它在月球上行驶了 10540 米，考察了 8 万平方米月面地域，进行了 200 多次的土样分析，拍摄了 200 幅月球全景照片和 20000 多张月面照片，直到 1971 年 10 月核能耗尽才停止工作。1973 年 1 月发射"月球"21 号，把"月球车"2 号送上月面考察取得更多成果。最后一个"月球"24 号探测器于 1976 年 8 月发射，在月球软着陆后钻采并带回 170 克月岩样品。至此，苏联对月球的无人探测宣告完成，人们对月球的认识更加丰富和完整了。

美国继苏联之后，先后发射了 9 个"徘徊者"号和 7 个"勘测者"号月球探测器。美国最早于 1958 年 8 月 18 日发射月球探测器，但由于第一级火箭升空爆炸，半途夭折了。随后又相继发射 3 个探测器，均告失败。直到 1964 年 1 月 30 日发射的"徘徊者"6 号（图 6-17）才在月面静海地区着陆，但由于电视摄像机

↑ 图 6-17　"徘徊者"6 号月球探测器（美国）

出现故障，没有能够拍回照片。同年 7 月 28 日"徘徊者" 7 号发射成功，在月面云海着陆，拍摄到 4308 张月面特写照片。随后 1965 年 2 月 17 日发射的"徘徊者" 8 号和 3 月 24 日发射的"徘徊者" 9 号，都在月球上着陆成功，并分别拍回7137 张和 5814 张月面近景照片。1966 年 5 月 30 日发射"勘测者" 1 号新型探测器，经过 64 小时的飞行，在月面风暴洋软着陆，向地面发回 11150 张月面照片。到1968 年 1 月 1 日发射的 7 个"勘测者"探测器中，有 2 个失败，5 个成功。后来，美国又发射了 5 个月球轨道环行器，为"阿波罗"号载人登月选择着陆地点提供了探测数据，经过这一系列的无人探测之后，月球的庐山真面目显露出来了。

欧洲也曾经开展过针对月球的探索，2003 年 9 月 28 日，欧洲空间局发射了欧洲的第一个月球探测器——"智慧" 1号探测器（图 6-18），它是一颗科学探测卫星，主要任务是探测月球的地形、地貌，搜寻隐藏在月球南极的"水冰"，测定月球的形成、月球的矿物成分，以及水的存在与否和数量。但是由于财力有限，目前欧洲空间局暂时没有新的大型探月计划。

⤒ 图 6-18 "智慧" 1 号月球探测器（欧洲）

不过这并不影响欧洲空间局积极参与国际探月行动，欧洲空间局正在进行的相关研究包括月球探测器极地着陆等。欧洲空间局提出构想，希望在月球打造"月球村"，利用月球土壤当建材，3D 打印建造居住舱，建立适合人类生存的月球基地；希望到 2030 年，能送 10 个太空人到月球居住。

我国于 2003 年 3 月 1 日启动了"嫦娥"探月工程。首先是发射绕月卫星，继而是发射无人探测装置，实现月面软着陆探测，最后送机器人上月球建立观测点，并采集样本返回地球。整个计划将历时 20 年。其主要目的是获取月球表面三维影像、分析月球表面有用元素含量和物质类型的分布特点、探测月球土壤特性、探测地月空间环境。

2007 年发射的"嫦娥"一号探月卫星，进入月球轨道，靠多次变轨完成首次"绕月"任务。该卫星完成飞行任务之后，按计划撞击到月球上。

2011 年发射的"嫦娥"二号，也是"嫦娥"一号的备份卫星，缩短了在地月转移轨道上的飞行时间，完成了第二次"绕月"。

2013 年发射的"嫦娥"三号月表着陆器，携带一辆月球车——"玉兔"号，在月球上软着陆，完成"落月"任务，并进行岩石探测和采样分析。

2018 年计划发射"嫦娥"四号月表着陆器，将抵达人类探测器未曾触及的月球背面。

此后，计划发射"嫦娥"五号月表着陆器，并携带月壤样品返回器，采集月壤后返回地球，完成"返回"任务。

（2）"惠更斯"号土卫六探测器

"惠更斯"号是一颗设计用来穿过土星的土卫六上浓厚的、充满氮气的大气层并降落在这颗卫星上的着陆器（图6-19）。这颗欧洲空间局的探测器是以荷兰天文学家克里斯汀·惠更斯的名字命名的，它是搭乘NASA的"卡西尼"号土星轨道卫星来到土星的，成功地对土卫六进行了探测。

⊕ 图6-19 "惠更斯"号土卫六探测器着陆示意图（欧洲）

6.2.4 彗星探测器

"罗塞塔"号彗星探测器（图6-20）是欧洲空间局组织的无人太空船计划，于2004年3月2日发射，该探测器计划用10年的时间去追赶丘楚留莫夫-格拉希门克彗星（代号为67P）。"罗塞塔"号由两个主元件组成："罗塞塔"号探测器及"菲莱"号着陆器。探测器的主要任务是探索46亿年前太阳系的起源之谜，以及彗星是否为地球"提供"生命诞生时所必需的水分和有机物质。

2014年11月13日，在经历了长达7个小时的漫长等待后，由罗塞塔彗星探测器释放的"菲莱"号着陆器成功着陆（图6-21）。着陆之后经过3天，"菲莱"很快便耗尽了蓄电池中仅剩的电力并开始进入深度休眠状态，后来只是在2015年6月和7月之间，随着彗星抵达近日点附近，"菲莱"号的太阳能电池板获得更多电力时，曾经短暂苏醒并和"罗塞塔"号探测器建立了通信联系，但随后便很快再次通信中断。

⊕ 图6-20 "罗塞塔"号彗星探测器（欧洲）

⊕ 图6-21 "菲莱"号着陆器（欧洲）

6.2.5 小行星探测器

2003年5月9日日本成功发射了"隼鸟"号小行星探测器（图6-22），其探测目标是抵达"丝川"小行星并取样返回。2005年9月初与目标天体交会，在2005年11月20日及之后"隼鸟"号几次短时间地着陆"丝川"小行星，按计划采集其表面的岩石样本。2010年6月13日，在太空漂泊7年之久的"隼鸟"号小行星探测器降落在澳大利亚。"隼鸟"号是人类首个往返于地球和月球之外天体的探测器。

2007年9月27日美国发射了"黎明"号小行星探测器（图6-23），该探测器于2011年7月16日进入灶神星轨道，2015年3月6日进入谷神星轨道。

⊕ 图6-22 "隼鸟"号小行星探测器（日本）

⊕ 图6-23 "黎明"号小行星探测器（美国）

2016年9月8日美国航空航天局（NASA）成功发射了OSIRIS-REx小行星探测器（图6-24），这也是NASA的第一个小行星采样探测器，任务是飞往小行星贝努采集尘土，再将样本带回地球，帮助人类揭开太阳系起源的奥秘。

⊕ 图6-24 OSIRIS-REx小行星探测器（美国）

6.2.6　"哈勃"太空望远镜

　　"哈勃"太空望远镜（图6-25）是以著名天文学家、美国芝加哥大学天文学博士爱德温·哈勃命名的，是在地球轨道围绕地球运行的太空空间望远镜，于1990年4月24日在美国肯尼迪航天中心由"发现"号航天飞机成功发射。它的位置在地球的大气层之上，因此获得了地基望远镜所没有的好处——影像不会受到大气湍流的扰动，视相度绝佳又没有大气散射造成的背景光，还能观测会被臭氧层吸收的紫外线。

　　"哈勃"太空望远镜已经成为天文史上最重要的仪器，填补了地面观测的缺口，帮助天文学家解决了许多根本的问题，对天文物理有了更多的认识，为天文学家认识和研究宇宙提供了一个全新的工具和手段。"哈勃"的超深空视场则是天文学家目前能获得的最深入，也是最敏锐的太空光学影像（图6-26）。

⊕　图6-25　"哈勃"望远镜（美国）

⊕　图6-26　"哈勃"望远镜眼中的太空

　　从1990年到2015年4月，"哈勃"望远镜在地球轨道上运行了接近13万7000圈，累计飞行54亿千米，执行了120多万次观测任务，观察了超过38000个天体，平均每个月哈勃都会产生829G观测数据，累计已超过100T。"哈勃"望远镜观测到的目标中最远的是距地球130亿光年的原始星系，这些星系发出的光芒来自大爆炸后刚刚形成的宇宙早期。

　　"哈勃"太空望远镜以光学观测为主。除此之外，美国还于1991年将以γ射线观测为主的"康普顿"太空望远镜送入太空（图6-27），1999年把以X射线观测为主的"钱德拉"太空望远镜送到了太空（图6-28），于2003年发射了以红外观测为主的"斯皮策"太空望远镜（图6-29），于2009年发射了"开普勒"太空望远镜（图6-30）用于观测环绕着其他恒星运行的类地行星，并计划在2020年后发射在建的"韦伯"太空望远镜（图6-31）以替代超期服役的"哈勃"。"韦伯"太空望远镜的性能将远超"哈勃"，与之前发射的太空望远镜环绕地球运行不同，"韦伯"将被放置于太阳－地球的第二拉格朗日点环绕太阳轨道运行。欧洲还于 1999 年发射了"牛顿" X 射线太空望远镜（图 6-32）。

⊕ 图 6-27 "康普顿"γ射线太空望远镜（美国）

⊕ 图 6-28 "钱德拉" X 射线太空望远镜（美国）

⊕ 图 6-29 "斯皮策"红外太空望远镜（美国）

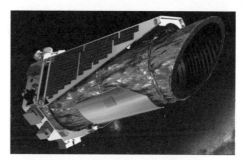
⊕ 图 6-30 "开普勒"太空望远镜（美国）

⊕ 图 6-31 "韦伯"太空望远镜（美国）

第 6 章　空间探测器

137

⊕ 图6-32 "牛顿"X射线太空望远镜（欧洲）

6.3 中国的探月工程

　　中国探月工程又称"嫦娥工程"，于2004年正式开展，分为"无人月球探测""载人登月"和"建立月球基地"三个阶段。

　　2007年10月24日，"嫦娥"一号成功发射升空，在圆满完成各项使命后，于2009年按预定计划受控撞月；2010年10月1日，"嫦娥"二号顺利发射，也已圆满并超额完成各项既定任务，2011年离开拉格郎日点L_2点后，向深空进发，现今仍在前进，意在对深空通信系统进行测试；2013年9月19日，探月工程进行了"嫦娥"三号卫星和"玉兔"号月球车的月面勘测任务；"嫦娥"四号是"嫦娥"三号的备份星，其主要任务是着陆月球表面，继续更深层次、更加全面地科学探测月球地质、资源等方面的信息；"嫦娥"五号将成为中国首个实施无人月面采样并返回的航天器，主要科学目标包括对着陆区的现场调查和分析，以及月球样品返回地球以后的分析与研究。

　　2014年10月24日，中国自行研制的探月工程三期再入返回飞行试验器，在西昌卫星发射中心用"长征"三号丙运载火箭发射升空，用于验证探月工程三期的绕月高速返回地球技术。再入返回器于2014年11月1日在中国内蒙古成功着陆，标志着我国成为世界上第三个成功发射从月球轨道重返地面的航天器的国家，为嫦娥计划的顺利实施奠定了坚实的基础。

6.3.1 "嫦娥"一号

"嫦娥"一号（图6-33）以中国古代神话人物"嫦娥"的名字命名，该探测器的主要探测目标是：获取月球表面的立体影像；分析月球表面有用元素的含量和物质类型的分布特点；探测月壤厚度和地球至月球的空间环境。"嫦娥"一号于2009年3月1日完成使命，撞向月球预定地点。

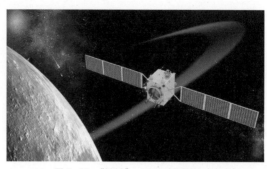

⊕ 图6-33 "嫦娥"一号月球探测器（中国）

6.3.2 "嫦娥"二号

"嫦娥"二号（图6-34）是中国的第二颗绕月探测器，它基于探月工程一期的"嫦娥"一号备份星进行了技术改进。作为二期工程的先导星，"嫦娥"二号主要是用作试验、验证部分新技术和新设备，降低往后工程的风险，同时深化月球科学探测。"嫦娥"二号完成探月任务后，已成为我国首个太阳系的人造小行星，围绕太阳做椭圆轨道运行。

⊕ 图6-34 "嫦娥"二号月球探测器（中国）

6.3.3 "嫦娥"三号及"玉兔"号月球车

"嫦娥"三号探测器首次实现我国航天器地外天体软着陆，包括着陆器和月球车（图6-35），是"绕、落、回"三步走中的第二阶段，对整个探月工程乃至航天事业的发展具有重要意义。"嫦娥"三号于2013年12月2日由"长征"三号乙运载火箭从西昌卫星发射中心发射，携带中国的第一辆月球车——"玉兔"号，并实现中国首次月面软着陆。

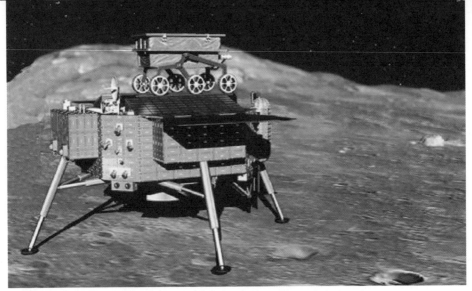

↑ 图6-35 "嫦娥"三号月球探测器(下)及其搭载的"玉兔"号月球车(中国)

6.4 空间探测器的发展趋势

总结人类开展深空探测任务的特点,展望主要航天国家的深空探测计划,可以得到以下启示。

① 从总体上看,探索太阳系乃至整个宇宙的起源、发展和演化,实施空间资源的开发利用是深空探测的主要目标。

② 开展深空探测采取由近及远、循序渐进的步骤,空间站是一个阶段,月球是起点和前哨站,火星是继月球之后的又一个探测热点。小天体的探测将逐步受到重视,多目标多任务探测将是深空探测的另一个重要形式,对太阳的探测活动仍然是持续发展的目标,火星和金星之外的大行星及其卫星的探测活动任重道远。

③ 深空探测方式包括飞越、硬着陆、环绕、软着陆、无人采样返回和载人探测等形式。近年来出现新的发展趋势:对同一探测对象采取多种探测形式交替进行,在一次任务中采用多种探测手段进行综合探测,并且采取科学探测和技术验证相辅相成的办法。

④ 以"阿波罗"计划为代表的大型载人深空探测活动对人类社会的影响极其深远,世界各主要航天大国将通过深空探测凝聚国家和民族的意志,增加民族自豪感,激发科学探索精神。

6.4.1 趋于多元化

在空间探测已进入全面发展的新时期,空间探测已趋向多元化,而不再是美俄等一两个国家独霸空间探测领域。欧洲正迅速崛起，不仅连续成功发射火星探测器、月球探测器和彗星探测器，而且还将发射金星和水星探测器，并在 2004 年初宣布了其庞大的"曙光"空间探测计划，预期在 2030 年左右把人送上火星。

我国于 2016 年公布了空间探测发展战略时间表，形成了以深空探测、机器人和载人月球探测为主线的发展战略，并提出了一系列路线图及重大航天工程建议。针对月球探测，我国目前正在推进探月工程的第三步，即在 2019 年发射"嫦娥五号"月球探测器；针对火星探测，我国将于 2020 年启动火星探索计划，将在第一次火星探测时，就实现火星的环绕探测和着陆巡视。

除此以外，印度发射了月球、火星探测器，日本发射了月球、金星探测器。

6.4.2　探测技术水平提高

随着科学技术的不断进步，先进的导航、控制、推进技术不断应用到空间探测器上，人类能够探索的太空也更加广阔。以火星探测器为例，美国发射的"勇气"号、"机遇"号、"凤凰"号、"好奇"号探测器的性能逐渐提升。火星探测器最初只是对火星进行初步探测，而"好奇"号的使命则提升为探索火星是否有生命存在的迹象。

6.4.3　彗星和小行星探测成为新宠

仅仅探测行星与卫星已不能满足人类的好奇心，彗星和小行星也逐渐成了空间探测的重要方向。

2004 年 1 月，飞行已久的美国"星尘"号彗星探测器与"怀尔德"2 号彗星交会，并在离彗核很近的位置用密度极低的氧化硅气溶胶首次获取彗核物质，最后"星尘"号经过 46 亿千米的旅行，于 2006 年 1 月 15 日成功将返回舱在地球着陆。这是人类首次把除地球的卫星——月球以外的地外天体样本送回地球，也是"阿波罗"计划后的首次样品回送任务，这些样品可为宇宙形成和地球生命起源的研究提供重要线索。

欧洲空间局于 2004 年 3 月 2 日发射了"罗塞塔"号彗星探测器，其主要任务是探索 46 亿年前太阳系的起源之谜，以及彗星是否为地球提供生命诞生时所必需的水分和有机物质。2014 年 11 月 13 日，由"罗塞塔"号彗星探测器释放的"菲莱"号着陆器成功登陆楚留莫夫 - 格拉希门克彗星。

2003 年 5 月 9 日日本成功发射了"隼鸟"号小行星探测器，计划对丝川小行星进行探测并取样返回。2007 年 9 月 27 日美国发射了"黎明"号小行星探测器，2011 年 7 月 16 日进入灶神星轨道；2015 年 3 月 6 日进入谷神星轨道。2016 年

9月8日美国成功发射了OSIRIS-REx小行星探测器，计划飞往小行星贝努采集尘土并将样本带回地球。

亮点小知识：空间探测时不我待

空间探测往往需要花几年甚至十几年的时间，飞行距离以亿千米计。如："尤利西斯"号探测器历经4年才到达太阳南极区域；"信使"号探测器经过6年半、长达79亿千米的旅程才到访水星；"罗塞塔"号彗星探测器历经10年才抵达待观察彗星；而"旅行者"号历经1年多才飞抵木星，历经12年才飞抵天王星，飞行30多年、近200亿千米才到达太阳系边缘；"新视野"号探测器历时9年、飞行48亿千米才抵达冥王星。

这些被访问的星体与地球的距离也一直在变化，最近距离和最远距离相差甚大。如火星与地球的距离最近约为5500万千米、最远则超过4亿千米，向火星发射探测器每两年才能有一次最佳机会，因为每两年两者比较接近。20世纪70年代"旅行者"号探测器（图6-36）得以成行的重要原因，就是当时木星、土星、天王星和海王星都将运行至排列成一个队列的理想位置，发射探测器能一次旅程访问这四个大行星，而这次机会如果错过就要再等近200年。

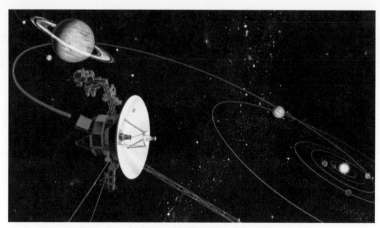

⊙ 图6-36 "旅行者"号空间探测器对行星的访问（美国）

因此，考虑到地球和待访星体的距离遥远，且两者之间的最近距离和最远距离相差甚远，开展空间探索就需要抓住稍纵即逝的难得时机，这对各方面的条件都提出了非常高的要求。

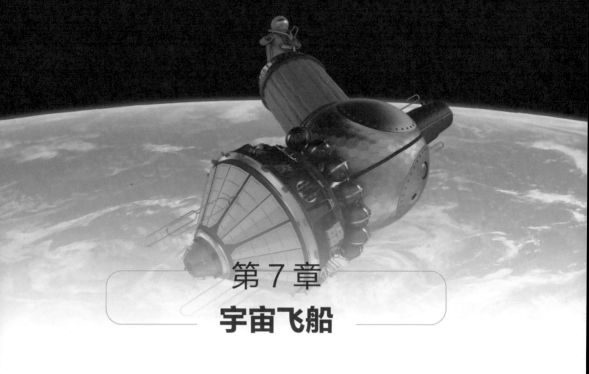

第 7 章
宇宙飞船

　　宇宙飞船是一种运送航天员、货物到达太空并安全返回的航天器，投入正常使用的分为载人的载人飞船和不载人的货运飞船。载人飞船是将人类带入太空最早使用的航天器，自美国的航天飞机退役后，载人飞船成为目前人类进入太空唯一在服役的航天器。宇宙飞船可以独立进行航天活动，也可作为往返于地面和空间站之间的"载体"，还能与空间站或其他航天器对接后进行联合飞行。宇宙飞船容积较小，不具备再补给能力，而且不能重复使用。

7.1　载人飞船

7.1.1　分类

　　按照运行方式分类，现在已成功发射的载人飞船可被分为卫星式载人飞船（图 7-1）和登月载人飞船（图 7-2）两大类，卫星式载人飞船绕低地球轨道运行，登月载人飞船用于载运登月航天员。

⊕　图 7-1　卫星式载人飞船

目前尚在研究阶段的还有行星际载人飞船（图 7-3）。

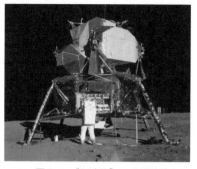

图 7-2 "阿波罗" 11 号登月载人
飞船的登月舱（美国）

图 7-3 人类乘行星际载人飞船登陆火星假想图

7.1.2 组成

载人飞船的主要结构特点是必须安装用于航天员活动的舱段。现代的载人飞船通常由轨道舱、返回舱、服务舱几部分组成（图 7-4 ~ 图 7-6）。

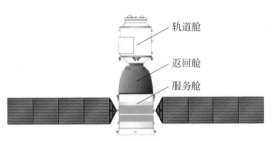

图 7-4 飞船的各舱段示意图

图 7-5 "神舟" 飞船内部构造（中国）

图 7-6 "双子星座" 号飞船内部构造（美国）

纵观载人飞船的发展历程，载人飞船采用过两舱式结构和三舱式结构，如有对接任务时则有对接机构，并把它放在飞船的最前边。第一代飞船苏联的"东方"号就采用两舱式结构，飞船只载 1 个人。第二代飞船飞行时，苏联的"上升"号多了一个供出舱用的气闸舱，且能载 2 ~ 3 人；而美国"双子星座"号飞船仍为两舱式加对接机构。第三代飞船是三舱式结构，如苏联的"联盟"号飞船，这种飞船的最前端是对接机构，然后接轨道舱，再接返回舱和服务舱，最后与运载火箭相连，有出舱任务的载人航天器都增设出舱用的气闸舱，美国"阿波罗"号飞船除有两舱段结构外还增设登月舱。

（1）轨道舱

飞船的轨道舱是飞船的重点舱段，它前端的对接机构供飞船与其他飞船或空间站对接用，其下端通过密封舱门与返回舱相连。它是航天员在太空飞行中，进行科学实验、进餐、体育锻炼、睡觉和休息的空间，其中备有食物、水、睡袋、废物收集装置、观察仪器和通信设备等，轨道舱有时还可兼作航天员出舱活动的气闸舱。

（2）返回舱

返回舱顾名思义是供航天员重返地球的舱段，在起飞和在轨飞行阶段，返回舱也发挥着重要的作用。在轨道飞行时返回舱与轨道舱连在一起，合为航天员居住舱。在起飞阶段和再入大气层阶段，航天员都是半躺在返回舱内的座椅上，并保持一定角度以克服超重的压力。在飞船返回地面之前，轨道舱和服务舱分别与返回舱分离，并在再入大气层过程中焚毁，只有返回舱载着航天员返回地面。

（3）服务舱

飞船的服务舱也可称"仪器设备舱"。它的前端通过过渡舱段与返回舱相连，后端与运载火箭相接。"联盟"号飞船的服务舱又分前后两部分，前段是密封增压的，内部装有电子设备，以及环境控制、推进系统和通信等设备；后段是非密封性的，主要是安装变轨发动机和储箱等。服务舱外部还装有环境控制系统的辐射散热器和太阳能电池板。

7.2 货运飞船

货运飞船是一种专门运送货物到达太空的一次性使用的航天器，主要任务是向空间站定期补给食物、货物、燃料和仪器设备等，它是国际空间站补给物资的重要运输工具，也是空间站的地面后勤保障系统。虽然从结构与功能上，货运飞船与载人飞船有一定的相似，但是两者最大的区别在于飞船的生命保障系统，由于载人飞船要把宇航员送上太空，就必须保证在舱内实现适宜人类生存的温度、湿度、压力等基本指标，其复杂程度与成本远高于运送物资的货运飞船。

目前，国际上使用的货运飞船有俄罗斯的"进步"号飞船、美国的"龙"飞船、中国"天舟"号飞船以及日本的"鹳"飞船。

俄罗斯"进步"号货运飞船是人类第一艘货运飞船，首艘飞船"进步"1号于1978年1月20日成功发射，随后的三十年中，共发展了两代共计60多艘飞船。这种飞船由仪器舱、燃料舱和货舱组成。货舱容积6.6立方米，可运送1.3吨货物，燃料舱可携带1吨燃料。它可自行飞行4天，与空间站对接飞行可达2个月，它与空间站对接完成装卸任务后即自行进入大气层焚毁。

美国"龙"货运飞船由美国太空探索公司 SpaceX 自主研发，飞船的返回舱带有热防护罩，可在返回时耐受极高温安全降落，实现回收并重复使用，这也使得"龙"飞船成为第一种具备大量货物下行能力的货运飞船。"龙"飞船长 5.9 米，最大直径 3.6 米，自重 4.2 吨，最大载荷 6 吨，它采用的是降落伞水面溅落的回收方式。在 2010 年和 2012 年完成两次技术验证飞行后，截至 2018 年"龙"飞船为国际空间站执行了 10 余次飞行任务。

中国"天舟"一号货运飞船（图 7-7）由中国空间技术研究院研发，全长 10.6 米，物资运输能力约 6.5 吨，推进剂补加能力约为 2 吨，具备独立飞行 3 个月的能力。

↑ 图 7-7 "天舟"一号货运飞船（中国）

2017 年 4 月 20 日，"天舟"一号货运飞船发射成功，成为中国首个货运飞船；在轨期间，"天舟"一号货运飞船与"天宫"二号空间实验室三次完成交会对接，三次完成推进剂在轨补加试验。

日本"鹳"货运飞船目前已发射 6 艘，最大直径为 4.4 米，全长约 10 米，可运送 5.7 吨的货物与燃料。它不能自动与空间站对接，而是飞到空间站附近，由空间站的机械臂将其"抓捕"并停靠在国际空间站和谐号节点舱的靠泊口上。

7.3　著名宇宙飞船简介

7.3.1　苏联

苏联最早的载人飞船系列是"东方"号（图 7-8），每艘只能乘坐 1 名航天员，共发射过 6 艘。

1961 年 4 月 12 日，世界上第一艘载人飞船"东方" 1 号飞上太空。苏联航天员加加林乘飞船绕地球飞行 108 分钟安全返回地面，成为世界上进入太空飞行的第一人。1963 年 6 月 16 日，苏联的捷列什科娃乘"东方" 6 号飞船进入太空，成为世界上第一名女航天员。

以"东方"号飞船为基础改造而成的"上升"号（图 7-9）是苏联的第二代飞船，共发射 2 艘。1964 年 10 月 12 日发射的"上升" 1 号飞船是世界上第一艘载 3

⊕ 图7-8 "东方"号飞船（苏联）　　　　　　⊕ 图7-9 "上升"号飞船（苏联）

名航天员的飞船。此后，航天员列昂诺夫乘坐"上升"2号飞船进行了人类首次太空行走，历时10分钟。

　　苏联/俄罗斯使用历史最悠久的载人飞船系列是"联盟"号（图7-10），分为"联盟"号、"联盟"T、"联盟"TM三个阶段，能载3名航天员，具有轨道机动、交会和对接能力，是苏联/俄罗斯载人航天计划中重要的天地往返运输系统，累计发射百余次。1969年1月15日，"联盟-4"与"联盟-5"首次进行了两艘飞船的太空对接。

　　苏联/俄罗斯还在"联盟"号的基础上衍生发展了"进步"号无人货运飞船（图7-11），用于执行向空间站定期补给食物、货物、燃料和仪器设备等任务，"进步"号货运飞船为国际空间站的运行做出了巨大贡献。

⊕ 图7-10 "联盟"号飞船（苏联）　　　　⊕ 图7-11 "进步"号飞船（苏联）

7.3.2 美国

　　"水星"号（图7-12）是美国第一个载人飞船系列，共发射6艘。1961年5月5日阿兰·谢帕德乘第一艘"水星"号飞船进行了亚轨道飞行，揭开

⊕ 图7-12 "水星"号飞船（美国）

了美国载人航天的序幕。1962年2月20日，约翰·格伦乘第三艘"水星"号飞船进行了首次轨道飞行，成为第一个进入太空的美国人。

美国第二个载人飞船系列是"双子星座"号（图7-13），共发射12艘，其中前2艘未载人。1965年3月23日发射的"双子星座"3号是美国第一艘载2名航天员的飞船。在1965年6月3日发射的"双子星座"4号飞船上，航天员怀特出舱21分钟，成为美国首次太空行走的航天员。

"阿波罗"号飞船（图7-14、图7-15）是根据美国"阿波罗"登月计划量身定做的载人航天飞船。1968年10月，第一艘载人的"阿波罗"7号飞船发射升空。在此之前，"阿波罗"号飞船只做了不载人的飞行试验。从"阿波罗"7号到"阿波罗"18号，美国共发射了12艘"阿波罗"号载人飞船。其中，1969年7月16日发射的"阿波罗"11号于7月20日实现了人类历史的首次登月（图7-16、图7-17），1971年7月26日发射的"阿波罗"15号飞船还首次把一辆载人月球车送上月球（图7-18、图7-19）。在整个"阿波罗"登月计划中，"阿波罗"11号～"阿波罗"17号飞船用于执行登月任务；共有6次登月成功，12名宇航员登上月球；"阿波罗"13号飞船发射后在飞往月球的途中出现故障，未进行登月，但

⊕ 图7-13 "双子星座"号飞船（美国）

⊕ 图7-14 "阿波罗"号飞船（美国）

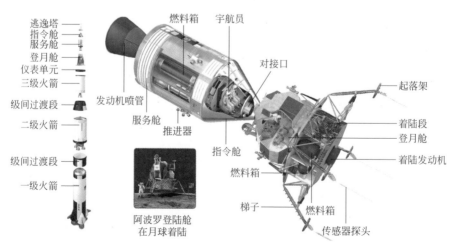

⊕ 图7-15 "土星"5号火箭和"阿波罗"号飞船内部构造图（美国）

最终安全返回地球。

　　登月活动是美、苏两个超级大国在你追我赶的太空军备竞赛中进行的，最终以美国"阿波罗"17号飞船的成功登月而告终，见表7-1。1975年7月17日，苏联"联盟"19号飞船与美国"阿波罗"18号飞船在轨道上成功对接（图7-20），实现了世界上首次太空国际联合飞行，对缓和当时美苏外太空的紧张局势起到了重要作用。

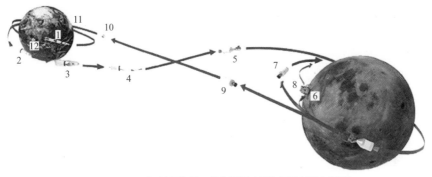

⊕ 图7-16　"阿波罗"号飞船往返月球的路径示意图（美国）

1—土星五号起飞，沿地球轨道飞行；2—火箭第三级携带飞船，转向月球轨道；3—飞船与三级火箭分离；4—飞船调整轨道，进入地月转移轨道，此后飞行约3天；5—指令舱、服务舱携带登月舱调整轨道，准备进入月球轨道；6—登月舱携带2名宇航员，登陆月球面向地球一侧的表面；7—指令舱、服务舱携带1名宇航员绕月飞行；8—登月舱携带2名宇航员，返回月球轨道与指令舱、服务舱对接，随后抛弃登月舱；9—指令舱、服务舱调整轨道，飞向地球；10—服务舱分离，指令舱继续飞行；11—指令舱进入地球大气层；12—指令舱打开降落伞，在海上降落

⊕ 图7-17　"阿波罗"11号飞船登月（美国）

⊕ 图7-18　"阿波罗"15号飞船登月（美国）

⊕ 图7-19　"阿波罗"15号飞船的月球车（美国）

⊕ 图7-20　美国"阿波罗"18号飞船（左）与苏联"联盟"19号飞船（右）成功对接

表 7-1 "阿波罗"飞船的飞行任务表

飞船编号	发射时间返回时间	指令舱名称	登月舱名称	登月点	月面停留时间（时：分）	舱外活动时间（时：分）	舱外活动半径（千米）	任务
阿波罗11号	1969.7.16 1969.7.24	哥伦比亚	鹰	静海西南角	21:36	2:24	0.9	人类首次登月，并在月面设置科学仪器
阿波罗12号	1969.11.14 1969.11.24	美国快艇	无畏	风暴洋	31:30	7:59	1.35	在降落区设置科学仪器；测量月磁、电离层环等；回收"勘察者"3号探测器的某些部件
阿波罗13号	1970.4.11 1970.4.17	奥德赛	宝瓶座	—	—	—	—	任务失败
阿波罗14号	1971.1.31 1971.2.9	小鹰	心宿二	费拉摩洛地区	34:11	9:23	3.45	在降落区设置科学仪器；对月球高原地区进行考察，寻找水源
阿波罗15号	1971.7.26 1971.8.7	奋进	隼	亚平宁山哈德利月溪	66:55	18:33	27.9	进行月球高山、峡谷和火山口考察，设置科学仪器
阿波罗16号	1972.4.16 1972.4.27	卡斯帕	猎户座	笛卡尔高地	75:58	20:12	27	在月球轨道释放一颗小型探测器；考察月球火山口；测录宇宙线粒子；设置科学仪器
阿波罗17号	1972.12.7 1972.12.19	美国	挑战者	静海，金牛－利特罗月谷	75:10	22:05	30	进行月球火山口考察；探测重力波；设置科学仪器

7.3.3　中国

中国载人航天工程正式起步于 1992 年，经过 7 年的努力，1999 年 11 月 20 日，在酒泉卫星发射中心新建成的载人飞船发射场，中国第一艘试验飞船"神舟"一号由新研制的"长征"二号 F 运载火箭发射升空，并准确进入轨道。经过 21 小时的轨道飞行，飞船返回舱在飞行 15 圈后进入返回轨道，并于 21 日凌晨 3 时 41 分准确着陆于预定回收场，圆满地完成了试验任务。这项试验任务的成功标志着中国的载人航天技术取得了重大突破，为中国载人航天技术的发展奠定了基础。

2001 年 1 月 10 日，"神舟"二号飞船在酒泉卫星发射中心发射升空，10 分钟后成功进入预定轨道，这是我国载人航天工程第二次飞行试验，它标志着我国载人航天事业取得了新进展，向实现载人飞行迈出了重要的一步。

2002 年 3 月 25 日，"神舟"三号飞船在酒泉卫星发射中心发射升空，顺利完成预定的空间科学和技术实验任务。

2002 年 12 月 30 日，"神舟"四号飞船在酒泉卫星发射中心发射升空，进入预定轨道，其搭载了 2 名模拟人升入太空并安全返回，为实现载人航天打下了坚实的基础。

2003 年 10 月 15 日，"神舟"五号飞船在酒泉卫星发射中心发射升空，把中国第一位航天员杨利伟送上了太空（图 7-21），实现了中华民族千年的飞天梦想。载人飞船的发射成功，是中国航天史上又一座新的里程碑，中国成为继美、俄之后，世界上第三个掌握载人航天技术、成功发射载人飞船的国家。

2005 年 10 月 12 日，"神舟"六号飞船在酒泉卫星发射中心发射升空，把费俊龙、聂海胜 2 位宇航员送上了太空，首次实现多人多天载人航天飞行（图 7-22）。

2008 年 9 月 25 日，"神舟"七号飞船在酒泉卫星发射中心发射升空，把翟志刚、刘伯明和景海鹏 3 位宇航员送上了太空，9 月 27 日，在刘伯明与景海鹏的帮助下，翟志刚出舱作业，实现我国首次太空行走（图 7-23）。

2011 年 9 月 29 日和 11 月 1 日，"神舟"八号飞船和"天宫"一号目标飞行器分别在酒泉卫星发射中心发射升空，准确入轨。11 月 3 日和 11 月 14 日，"天宫"一号目标飞行器和"神舟"八号飞船两次空间交会对接成功（图 7-24）；11 月 17 日，"神舟"八号飞船返回舱成功返回地

⊙ 图 7-21 "神舟"五号飞船航天员杨利伟
（中国）

⊙ 图 7-22 "神舟"六号飞船航天员费俊龙、聂海胜（中国）

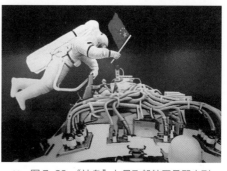

⊙ 图 7-23 "神舟"七号飞船航天员翟志刚实现我国首次太空行走（中国）

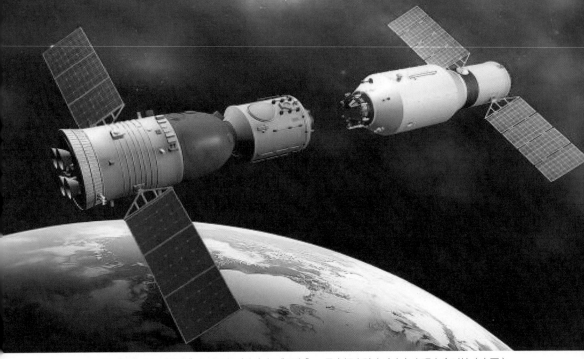

↑ 图7-24 "神舟"八号飞船(左)与"天宫"一号空间实验室(右)实现交会对接(中国)

面;11月18日,"天宫"一号目标飞行器变轨、转入长期运营模式,等待第二年与"神舟"九号、"神舟"十号飞船进行交会对接。

2012年6月16日,"神舟"九号飞船在酒泉卫星发射中心发射升空,把景海鹏、刘旺、刘洋3位宇航员送上了太空,分别实现了载人自动交会对接与载人手动交会对接,中国航天员首次入住"天宫"一号,刘洋也成为中国首位女性宇航员(图7-25)。标志着我国已经全面突破了空间交会对接技术,为我国建立空间站奠定了基础。

↑ 图7-25 "神舟"九号飞船的女航天员刘洋(中国)

2013年6月11日,"神舟"十号飞船在酒泉卫星发射中心发射升空,把聂海胜、张晓光和王亚平3位宇航员送上了太空,首次开展中国宇航员太空授课活动,并进一步测试了交会对接、载人天地往返运输系统的功能和性能。

2016年10月17日,"神舟"十一号飞船在酒泉卫星发射中心发射升空,把景海鹏和陈冬2位宇航员送上了太空,旨在更好地掌握空间交会对接技术,开展地球观测和空间地球系统科学、空间应用新技术、空间技术和航天医学等领域的应用和试验,本次飞行是我国持续时间最长的一次载人飞行任务,总飞行时间长达33天。

亮点小知识：成功的失败

　　太空探索是一项系统高度复杂的重大科技工程，从来都是与失败相伴相随，败而不馁的精神是太空探索的应有之义。

　　"阿波罗"13号（图7-26）于1970年4月11日发射，原计划5天后登陆在月球上的弗拉·摩洛地区。但就在发射56小时后从地球飞往月球的途中，飞船指令舱的液氧罐发生爆炸，三名航天员不仅登月无望，而且命悬一线。

　　爆炸严重损坏了航天器，导致飞船上的氧气只可供应140小时，水只能供应66小时，二氧化碳处理系统只能工作45.3小时，而返回地球至少还需要100小时。

　　三名航天员凭着高超的专业技能和坚忍不拔的毅力，在地面控制中心的精准指挥下成功返回了地球，创造了航天史上"虽败犹荣"的光辉时刻。他们把原本用于登陆月球的登月舱作为救生艇，在太空中克服电力短缺、温控异常、饮用水短缺、疾病等困难，成功获救。

　　在航天业内专家眼中，"阿波罗"13号的意义丝毫不亚于甚至胜于成功登月，被世人称为"成功的失败"。

　↑　图7-26　"阿波罗"13号飞船的3名航天员（美国）

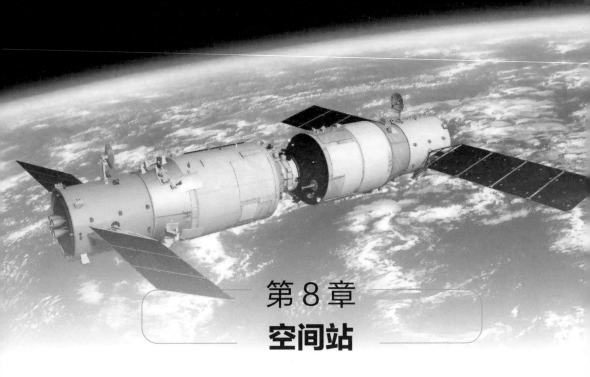

第 8 章
空间站

空间站又称太空站、航天站、轨道站，是一种在近地轨道长时间运行，可供多名航天员巡访、长期工作和生活的载人航天器。空间站与一般航天器相比，有效容积大，可装载比较复杂的仪器。由于空间站可以长期载人，许多仪器可由人直接操作，可避免机械动作带来的误差，可以完成比较复杂、非重复性的太空实验和设备维修等工作任务。

8.1　空间站简介

空间站是迎送宇航员和太空物资的场所，是环绕地球轨道运行的空间基地，人们又称它为"宇宙岛"。苏联是第一个成功发射空间站的国家，1971 年发射了人类第一个空间站"礼炮" 1 号。此后，世界上有一系列空间站进入太空，先后有数十批上百人次宇航员到站上工作，进行多次科学试验，取得了大量实验数据和宝贵的科学资料。

空间站的总体结构形式最初是舱段式的，后来改为多对接口复合式，现在开始向桁架挂舱式发展。空间站可以分为单模块空间站、多模块组合空间站和一体化组合空间站三种。

（1）单模块空间站

单模块空间站是指由运载器一次发射入轨即可运行的空间站。在载人航天发展初期，试验型的空间站都是单模块空间站，如苏联的"礼炮"号系列空间站和美国的"天空实验室"。

（2）多模块组合空间站

多模块组合空间站是指由运载器将各模块逐个发射入轨，在轨组装而成的空间站。如苏联的"和平"号空间站就是一个多模块组合空间站，它由1个核心舱及5个有效载荷舱组成（图8-1），分别是"量子"1号舱、"量子"2号舱、"晶体"号舱、"自然"号舱、"光谱"号舱。该空间站的轴向可以对接载人飞船和货运飞船，载人飞船负责航天员的天地往返，货运飞船为空间站提供食物、水、氧气、推进剂等补给品。"和平"号空间站由"质子"号运载火箭每次发射1个舱段（即1个模块）入轨。

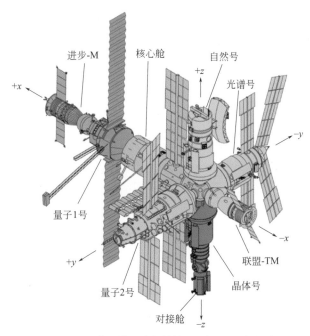

进步-M　核心舱　自然号　光谱号
+x　+z　-y
量子1号
+y　-x
联盟-TM
量子2号　晶体号
对接舱　-z

⊕ 图8-1 "和平"号空间站舱段组成示意图（苏联）

（3）一体化组合空间站

一体化组合空间站又称一体化综合轨道基地，首先由美国提出设想，后来体现在国际空间站设计方案中。国际空间站由美国、俄罗斯、欧洲国家、日本、加拿大、巴西等6方16个国家合作建造。其建造过程如下：先将"曙光"号功能能源舱送入轨道，然后将"团结"号节点1舱送入轨道，并实现两者组装，再将气闸舱、实验舱、居住舱、大桁架等构件发射入轨并在轨道上装配。全站有统一的姿控系统，有统一的服务设施，集中供电、供气和温度控制，以提高全站使用效率（图8-2）。

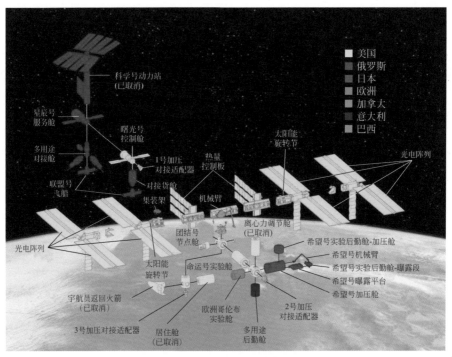

图例:
■ 美国
■ 俄罗斯
■ 日本
■ 欧洲
■ 加拿大
■ 意大利
■ 巴西

科学号动力站
(已取消)

星辰号
服务舱

多用途
对接舱

曙光号
控制舱

联盟号
飞船

对接货舱

集装架

1号加压
对接适配器

热量
控制板

太阳能
旋转节

光电阵列

机械臂

团结号
节点舱

离心力调节舱
(已取消)

希望号实验后勤舱-加压舱
希望号机械臂
希望号实验后勤舱-曝露段
希望号曝露平台
希望号加压舱

命运号实验舱

光电阵列

太阳能
旋转节

宇航员返回火箭
(已取消)

3号加压对接适配器

居住舱
(已取消)

欧洲哥伦布
实验舱

多用途
后勤舱

2号加压
对接适配器

⊕ 图 8-2　国际空间站的结构组成

8.2　国外空间站

8.2.1　苏联"礼炮"号空间站

1971 年 4 月 19 日,苏联发射了人类第一座空间站——"礼炮"1 号(图 8-3),从此载人太空飞行进入一个新的阶段。

"礼炮"1 号空间站由轨道舱、服务舱和对接舱组成,呈不规则的圆柱形,总长约 12.5 米,最大直径 4 米,总重约 18.5 吨。它在 200 多千米高的轨道上运行,站上装有各种试验设备、照相摄影设备和科学实验设备。与"联盟"号载人飞船对接组成居住舱,容积 100 立方米,可住 6 名宇航员。

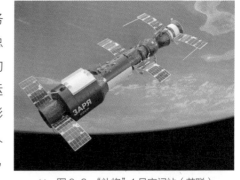

⊕ 图 8-3　"礼炮"1 号空间站(苏联)

"礼炮"1 号空间站在太空运行了 175 天，完成使命后于太平洋上空坠毁。"礼炮"1 号的试验并不顺利："联盟"10 号飞船与之对接失败，3 名航天员没能进入空间站；"联盟"11 号飞船与之成功对接，航天员进入空间站工作生活了 23 天，进行了一系列医学和科学试验，可惜"联盟"11 号的 3 名航天员在返回地面时遇难。直到 1980 年"联盟"号飞船和航天服进行了改进后，苏联才恢复一次 3 人的空间站飞行。

此后，苏联还发射了"礼炮"2 号、"礼炮"3 号、"礼炮"4 号、"礼炮"5 号、"礼炮"6 号、"礼炮"7 号，尽管这些空间站有的出过一些问题，但确实取得了令人瞩目的成就。"礼炮"6 号在轨飞行了 1764 天，与 17 艘"联盟"号载人飞船和 12 艘"进步"号货运飞船进行了对接（图 8-4）；"礼炮"7 号空间站轨道飞行时间 3216 天，载人飞行 800 多天，进行了 13 次出舱操作（图 8-5）。

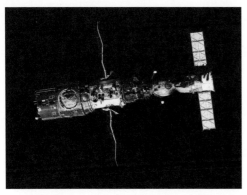

⊕ 图 8-4 "礼炮"6 号空间站（苏联）　　⊕ 图 8-5 "礼炮"7 号空间站（苏联）

苏联通过"礼炮"系列空间站的实际运行，积累了航天器长时间在轨操作、航天员中期驻留等经验，进行了大量的空间观测、地球遥感和生物医学实验，还进行了空间冶炼等科学试验，取得了一系列成果。

8.2.2　苏联"和平"号空间站

"和平"号空间站是苏联建造的一个轨道空间站（图 8-6、图 8-7），苏联解体后归俄罗斯。它是人类首个可长期居住的空间研究中心。"和平"号空间站采用积木式构造，经过数年将各个舱段逐个送入轨道，然后由多舱段在轨道上交会对接组成。

1986 年 2 月，由工作舱、过渡舱、服务舱组成的"和平"号空间站基础构件进入太空；此后，基础构件先后与 5 个太空舱成功对接；1987 年，"和平"号空间站正式建成并投入使用。建成后的"和平"号体积约 400 立方米，重约 137 吨，

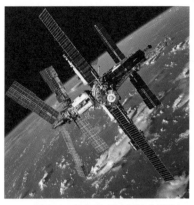
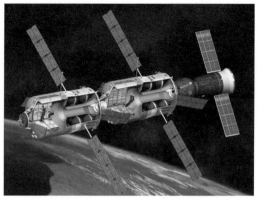

⊕ 图 8-6 "和平"号空间站（苏联）　　⊕ 图 8-7 "和平"号部分舱段内部构造图（苏联）

其中科研仪器重 11.5 吨。

2001 年 3 月 23 日凌晨 3 点 33 分，俄罗斯科罗廖夫飞行控制中心下达第一次制动点火指令，"和平"号空间站发动机点火后进入坠落轨道；9 点 30 分"和平"号空间站的碎片坠落在南太平洋预定海域。

"和平"号空间站在轨道运行的 15 年来，总共绕地球飞行了 8 万多圈，行程 35 亿千米，共有 31 艘"联盟"号载人飞船、62 艘"进步"号货运飞船与空间站实现对接，宇航员在空间站上进行了 78 次太空行走，在舱外空间逗留的时间长达 359 小时 12 分钟。先后有 28 个长期考察组和 16 个短期考察组在空间站从事考察活动，共有苏联/俄罗斯、美国、英国、法国、德国、日本、叙利亚、保加利亚、阿富汗、奥地利、加拿大、斯洛伐克 12 个国家的 135 名宇航员在空间站上工作过。

这些宇航员共进行了 1.65 万次科学实验，完成了 23 项国际科学考察计划，取得了一大批空间科研成果。特别是俄罗斯宇航员波利雅科夫博士从 1994 年 1 月 8 日到 1995 年 3 月 22 日在"和平"号上从事研究，一举创造了在宇宙空间连续停留 438 天的世界航天纪录，波利雅科夫博士累计在太空飞行了 679 天。此外，俄罗斯宇航员阿夫杰耶夫 1992 年、1995 年和 1998 年曾先后三次登上"和平"号空间站，创造了太空飞行累计时间达 748 天的世界纪录。

8.2.3　美国"天空实验室"空间站

美国"天空实验室"是美国第一个环绕地球的试验性空间站（图 8-8），由轨道工作舱、过渡舱、多用途对接舱、太阳望远镜和"阿波罗"号飞船 5 部分组成。全长 36 米，直径 6.7 米，重 82 吨。它由"土星"5 号运载火箭发射升空，轨道高度约 435 千米，运行周期 93 分钟，轨道倾角 50°。

由于"阿波罗"18号~20号登月飞船任务的取消，NASA空余出三枚"土星"5号火箭，此前美国曾提出用"土星"5号火箭的第三级箭体改造为空间站主体（SSESM）的方案，但该方案在竞争中落败于另外一个称为载人轨道实验室（MOL）的方案。1969年MOL被取消，于是美国将SSESM重新启用，即"天空实验室"。

⊙ 图8-8 美国"天空实验室"空间站

1973年5月14日，美国在肯尼迪航天中心发射了第一个轨道空间实验室——"天空实验室"。

1973年5月25日、7月8日和11月16日，美国分别进行了3次"阿波罗"号飞船发射，均成功与"天空实验室"对接，每次任务有3名航天员，3次任务中9名航天员总计在空间站生活了171天。

1974年2月8日"天空实验室"第三次飞行任务的航天员着陆，此后"天空实验室"关闭。

1979年7月11日，地面操作人员向"天空实验室"发出最后一次指令，使它安全地飞过北美大陆上空人口稠密地区然后返回地球，最后化成无数碎片坠落在澳大利亚西部地区和南印度洋。至此，"天空实验室"在宇宙空间运行了2246天，绕地球34981圈，航程达14亿多千米。

8.2.4 国际空间站

国际空间站的设想是1983年由美国总统里根首先提出的，即在国际合作的基础上建造迄今为止最大的载人空间站。

国际空间站以美国、俄罗斯为首，包括加拿大、日本、巴西和欧洲空间局等16个国家和单位参与研制，国际空间站筹划建设时美国反对邀请中国参与，所以中国没有成为国际空间站的启动方。

经过十余年的探索和多次重新设计，直到苏联解体、俄罗斯加盟，国际空间站才于1993年完成设计，于1998年开始建造，各功能模块在其后被陆续送入轨道装配，2011年国际空间站组装工作全部结束，国际空间站是目前人类拥有过的规模最大的空间站（图8-9~图8-11）。

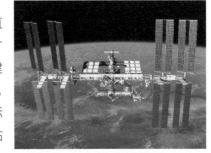

⊙ 图8-9 国际空间站

↑ 图 8-10　各国宇航员在国际空间站工作生活　　　↑ 图 8-11　"龙"飞船与国际空间站交会对接

国际空间站建成后的总质量约 423 吨，长 108 米，宽 88 米，运行轨道高度为 397 千米，载人舱内大气压与地表面相同，可载 6 人，工作寿命为 15 ~ 20 年。

国际空间站计划分三阶段进行。

（1）准备阶段

1994 ~ 1998 年为准备阶段。该阶段主要进行了 9 次美国航天飞机与俄罗斯"和平"号空间站的交会对接，取得了宝贵的经验。

（2）初期装配阶段

1998 ~ 2001 年为初期装配阶段。该阶段的主要目标是建成 1 个具有载 3 名航天员能力的初期空间站。1998 年 11 月 20 日，国际空间站的第一个组件——"曙光"号功能货舱（美国出资、俄罗斯制造）发射成功，标志着国际空间站正式进入初期装配阶段。美国和俄罗斯等国经过航天飞机、货运飞船等运输工具 15 次的飞行，完成了国际空间站第二阶段的装配工作。

（3）最终装配和应用阶段

2001 ~ 2011 年为最终装配和应用阶段。该阶段国际空间站完成了最终装配，达到 6 ~ 7 人长期在轨工作的应用能力。此阶段先组装美国的桁架结构和俄罗斯的对接舱段，接着发射日本实验舱和欧洲空间局的哥伦布轨道设施等，2011 年 12 月国际空间站的最后一个组件发射上天并完成组装工作。据称，国际空间站预期最迟在 2028 年退役。

8.3　中国空间站

8.3.1　中国载人航天发展战略

1992 年 9 月 21 日，我国决定实施载人航天工程，并确定了三步走的发展战略。

第一步，发射载人飞船，建成初步配套的试验性载人飞船工程，开展空间应用实验。

第二步，在第一艘载人飞船发射成功后，突破载人飞船和空间飞行器的交会对接技术，并利用载人飞船技术改装、发射一个空间实验室，解决一定规模的、短期有人照料的空间应用问题。

第三步，建造载人空间站，解决有较大规模的、长期有人照料的空间应用问题。

8.3.2　中国空间站建设的基本情况

我国的空间站计划实施过程可分为空间实验室和空间站两个阶段。

① 2016 年前，研制并发射空间实验室，突破和掌握航天员中期驻留等空间站关键技术，开展一定规模的空间应用。

② 2020 年前后，研制并发射核心舱和实验舱，在轨组装成载人空间站，突破和掌握近地空间站组合体的建造和运营技术、近地空间长期载人飞行技术，并开展较大规模的空间应用。

我国空间站的轨道高度设计为 400 ~ 450 千米，倾角 42° ~ 43°。空间站拟按长期载 3 人状态设计，运行阶段每半年由载人飞船实施人员轮换，而初期将采用人员间断访问方式。载人空间站建成后，将成为中国空间科学和新技术研究实验的重要基地，预期在轨运营 10 年以上（图 8-12）。

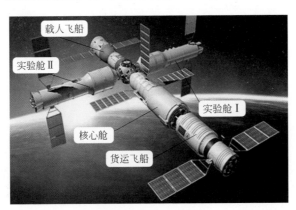

⊕　图 8-12　中国空间站

8.3.3　中国空间站的组成

中国空间站包括核心舱、实验舱Ⅰ、实验舱Ⅱ、载人飞船和货运飞船五个模块。各模块既是独立的飞行器，具备独立的飞行能力，又可以与核心舱组合成多种形态的空间组合体，在核心舱统一调度下协同工作，完成空间站承担的各项任务。

（1）核心舱

全长约 18.1 米，最大直径约 4.2 米，发射质量 20 ~ 22 吨。核心舱模块分为节点舱、生活舱和资源舱，主要任务包括为航天员提供居住环境，支持航天员的长期在轨驻留，支持飞船和扩展模块对接停靠并开展少量的空间应用实验，是空间站的管理和控制中心。

（2）实验舱 I 和实验舱 II

全长均约 14.4 米，最大直径均约 4.2 米，发射质量均约 20 ~ 22 吨。空间站核心舱以组合体控制任务为主，实验舱 II 以应用实验任务为主，实验舱 I 兼有二者功能。实验舱 I、II 先后发射，具备独立飞行功能，与核心舱对接后形成组合体，可开展长期在轨驻留的空间应用和新技术试验，并对核心舱平台功能予以备份和增强。

（3）货运飞船

最大直径约 3.35 米，发射质量不大于 13 吨。货运飞船是空间站的地面后勤保障系统。其主要任务：一是补给空间站的推进剂消耗、空气泄漏，运送空间站的维修和替换设备，延长空间站的在轨飞行寿命；二是运送航天员工作和生活用品，保障空间站航天员在轨中长期驻留和工作；三是运送空间科学实验设备和用品，支持和保障空间站具备开展较大规模空间科学实验与应用的条件。

（4）载人飞船

载人飞船即"神舟"载人飞船，用于将航天员送入太空与空间站对接并负责将航天员送回地球，通过几代航天人的不懈努力，我国已经掌握载人飞船的发射、对接、回收等关键技术。"神舟"载人飞船的具体情况详见宇宙飞船一章，在此不做详细介绍。

8.3.4 建造历程

2008 年 9 月，"神舟"七号载人飞船升空，实现航天员太空行走。

2011 年 9 月，"天宫"一号空间实验室发射升空（图 8-13）。

2011 年 11 月，"神舟"八号无人飞船发射升空，实现与"天宫"一号的无人对接。

2012 年 6 月，"神舟"九号载人飞

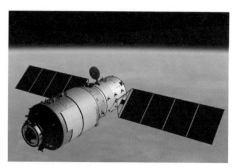

⊕ 图 8-13 "天宫"一号空间实验室（中国）

船发射成功，与"天宫"一号实现中国首次载人交会对接。

2013 年 6 月，"神舟"十号载人飞船发射成功，与"天宫"一号再一次完成载人交会对接任务。

2016 年 9 月，"天宫"二号空间实验室发射升空。

2016 年 10 月，"神舟"十一号载人舱发射升空，与"天宫"二号对接，我国宇航员在"天宫"二号中开展了一系列太空实验（图 8-14）。

2017 年 4 月 20 日，"天舟"一号货运飞船发射升空，完成与"天宫"二号对接和推进剂补加试验（图 8-15）。

⬆ 图 8-14　航天员景海鹏和陈冬在"天宫"二号空间实验室中开展太空实验（中国）

2018 年 4 月 2 日，遨游太空 6 年多的"天宫"一号在中国航天人的实时监测和全程跟踪下，在预测的时间和范围内准确再入大气层，化作流星，归隐中心点位于南太平洋。

⬆ 图 8-15　"天舟"一号飞船（右）与"天宫"二号空间实验室（左）成功对接（中国）

上述建设空间站的准备工作的顺利完成为我国正式建设空间站奠定了良好的基础。2020 年前后，中国计划发射空间站核心舱和科学实验舱，开始建造空间站：首先发射核心舱，核心舱入轨后，完成平台测试及相关任务支持技术的验证；之后分别发射实验舱 I 和实验舱 II，与核心舱对接，组合形成空间站；空间站在轨运行期间，由载人飞船提供乘员运输，由货运飞船提供补给支持。

8.3.5　建设意义

中国载人空间站工程建设，充分继承载人航天工程前期成果，继续使用已有的"神舟"飞船、"长征"二号 F 运载火箭、发射场和着陆场。作为中国载人航天"三步走"发展战略规划的最后一步——载人空间站，其建成的重大意义是全面实现我国载人航天"三步走"发展战略，进一步推动我国载人航天技术向更高水平发展，为推动国家科技进步和创新发展、提升综合国力、提高民族威望做出重要贡献。

预期 2022 年空间站建好后，将随即投入正常运营，开展科学研究和太空实验，满足重大科学研究项目的需要，而扩展能力的设计将使我们能根据科学前沿的发展需求，提供更为强大的支持能力，促进中国空间科学研究进入世界先进行列，为人类文明发展进步做出贡献。

亮点小知识：失重

　　失重是指物体失去重力的作用。失重现象主要发生在轨道上、太空内或在其他特定情况下。当物体处于失重状态时，除了自身重力外，不会受到任何外力的影响（图 8-16）。

　　当人造地球卫星、宇宙飞船、载人飞船、航天飞机进入轨道后，其中的人和物将处于失重状态，不会受到地球重力的影响。

　　完全失重条件下，所有的物体都将飘在空中，液体漂浮在空

⊕ 图 8-16　伟大物理学家霍金乘飞机体验失重

中呈绝对球形（图 8-17），气泡在液体中将不上浮，宇航员站着睡觉和躺着睡觉一样舒服，食物要做成块状或牙膏似的糊状，以免食物的碎渣"漂浮"在空中进入宇航员的鼻孔和太空设备。

　　自从人类把航天器成功送入太空，各种科学实验就开始了，探究失重会对生物产生什么样的影响，探究人类是否能够长期在太空环境中生存等。宇航员们在太空中得到的宝贵经验，对人类生命科学、生物制药、工业制造等领域都会产生深远的影响。

⊕ 图 8-17　航天员王亚平在太空授课中展示太空中的"水滴漂浮"（中国）

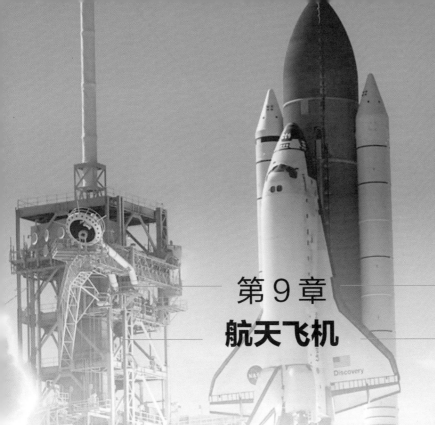

第 9 章
航天飞机

航天飞机是一种可重复往返于地球与太空的航天器，由辅助的运载火箭发射脱离大气层，在完成太空任务后重返大气层，能像滑翔机一样降落在跑道上。迄今只有美国与苏联曾经制造能进入近地轨道的航天飞机，并实际成功发射和回收，而美国是唯一曾以航天飞机成功进行载人航天任务的国家。

9.1 航天飞机简介

航天飞机升入太空时跟卫星、飞船等一次性使用的航天器一样，是用火箭动力垂直升入（图 9-1）。但之所以将航天飞机设计成具有机翼的造型，是因为此机翼除了可在返回地球进入大气层的过程中提供空气刹车的作用以降低下降速度外，也可在大气层内滑翔时提供升力，这样航天飞机就能够像普通飞机一样在跑道上降落。

航天飞机的飞行过程，大致有

⊕　图 9-1　航天飞机发射升空（美国）

上升、轨道飞行、返回三个阶段（图9-2）。起飞命令下达后，航天飞机在助推火箭和主发动机的推动下垂直上升，到达一定高度后助推器分离；进入预定轨道后，航天飞机的主发动机熄火，由轨道机动发动机控制飞行；到达预定地点后，航天飞机开始工作；航天飞机完成任务后，便开始重新启动发动机，脱离轨道向着地球表面飞行，进入大气层后，航天飞机速度开始放慢，并像普通滑翔机一样滑翔着陆。

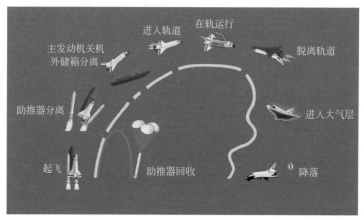

⊕ 图9-2 航天飞机的上升、轨道飞行、返回的示意图

　　航天飞机具有可重复使用、容量大、有效载荷量大、搭载人数多等特点，除了能够在太空投放、部署卫星外，还可以对在轨运行的航天器开展检修和维护工作，在太空开展科学实验和空间研究工作，参与发射空间实验室、建立空间站等工作。在军事领域，航天飞机可以执行载人近地轨道侦查、拦截卫星、战略轰炸等任务。

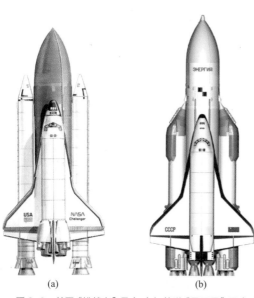

　　美国率先研制无人航天飞机"企业"号，用于验证航天飞机这一新概念飞行器的可行性，此后在此基础上又研制了5架载人航天飞机——"哥伦比亚"号、"挑战者"号［图9-3（a）］、"发现"号、"亚特兰蒂斯"号和"奋进"号，自1981年首次发射成功以来，已经完成了100多次空间发射任务。苏联研制过"暴风雪"号航天飞机［图9-3（b）］，1988年还对"暴风雪"号航天飞机成功地进行了无人轨道试飞，但最终由于苏联1991年解体，计划被迫终止。

⊕ 图9-3 美国"挑战者"号（a）与苏联"暴风雪"号（b）

9.2 航天飞机的组成

航天飞机由一个轨道器、一个外储箱和两个固体火箭助推器组成，苏联的航天飞机和美国的颇为相似，这里主要以美国的航天飞机为例介绍航天飞机的组成（图9-4）。与其他一次性的航天器不同，航天飞机的轨道器、固体火箭助推器是可重复使用的。这是对可重复利用航天器的一次重大探索。

① 轨道器：轨道器是航天飞机的核心部分，是整个航天飞机系统中唯一既可载人又可重复使用的部分。

② 助推器：助推器的作用是助推，用于补充主发动机推力的不足，采用固体火箭发动机，可供再次使用。

③ 外储箱：航天飞机的主发动机是液体火箭发动机，推进剂是液态氧和液态氢。液体推进剂不装在航天飞机上，而是装在一个独立的可以抛弃的外储箱里面。采用这种结构形式，可以减小航天飞机轨道器的尺寸和重量，避免航天飞机的轨道器过于庞大。

轨道器、助推器和外储箱的内部构造如图9-5所示。

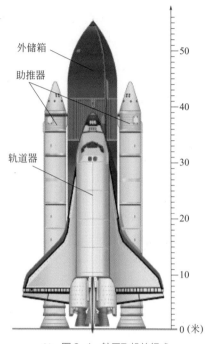

↑ 图9-4 航天飞机的组成

9.2.1 轨道器

航天飞机的核心是轨道器，它很像一架大型的三角翼飞机，是整个航天飞机系统中可载人、可携带物资的重要部分（图9-6）。它的飞行环境十分恶劣，既要有适用于高超音速、超音速、亚音速和水平着陆时的气动外形，又要有承受高温气动热的热防护系统。因此，轨道器的设计、制造都最为复杂。

轨道器由前、中、尾三段机身组成。前段结构可分为头锥和乘员舱两部分，头锥处于航天飞机的最前端，具有良好的气动外形和防热系统；前段的核心部分是处于正常气压下的乘员舱。这个乘员舱又可分为三层：最上层是驾驶舱（图9-7），中层是生活舱，下层是仪器设备舱。乘员舱为航天员提供宽敞的空间，航天员在舱内可穿普通地面服装工作和生活。

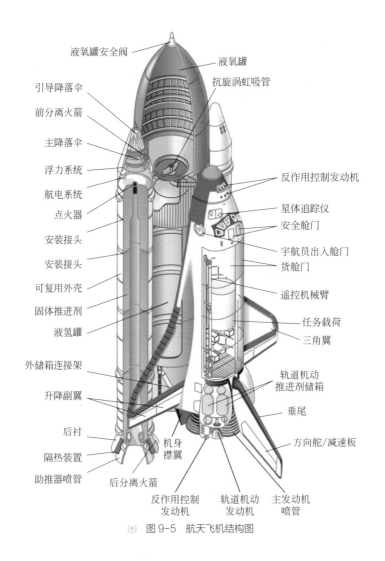

液氧罐安全阀
液氧罐
引导降落伞
抗旋涡虹吸管
前分离火箭
主降落伞
浮力系统
反作用控制发动机
航电系统
星体追踪仪
点火器
安全舱门
安装接头
宇航员出入舱门
安装接头
货舱门
可复用外壳
遥控机械臂
固体推进剂
任务载荷
液氢罐
三角翼
外储箱连接架
轨道机动
推进剂储箱
升降副翼
垂尾
后衬
方向舵/减速板
隔热装置
助推器喷管
机身
襟翼
后分离火箭
反作用控制   轨道机动   主发动机
发动机   发动机   喷管

⊕ 图9-5 航天飞机结构图

(a) 航天飞机在跑道上降落

(b) 太空轨道上的航天飞机

⊕ 图9-6 航天飞机的轨道器（美国）

航天飞机的中段主要是有效载荷舱。该舱内可以装载各种卫星、空间实验室、大型天文望远镜和各种深空探测器等。为了在轨道上释放所携带的有效载荷或回收轨道上运行的有效载荷，舱内设有一或两个自动操作的遥控机械手和电视装置。机械手是一根很细的长杆，在地面上它几乎不能承受自身的重量，但是在失重条件下的宇宙空间，它可以迅速而灵活地载卸 10 多吨的有效载荷。

航天飞机的后段比较复杂，主要装有三台主发动机，尾段还装有两台轨道机动发动机和反作用控制系统。在主发动机熄火后，轨道机动发动机为航天飞机提供进入轨道、进行变轨机动和对接机动飞行以及返回时脱离轨道所需要的推力。反作用控制系统用来保持航天飞机的飞行稳定和姿态变换。

航天飞机的机翼贯穿于航天飞机的中段和尾段，机翼后缘布置有升降副翼、襟翼。航天飞机的垂直尾翼安装在航天飞机的尾段正上方，垂直尾翼后缘布置有方向舵。减速板也布置在航天飞机的尾段上。

9.2.2 助推器

助推器中装有助推燃料，平行安装在外储箱的两侧，为航天飞机垂直起飞和飞出大气层进入轨道提供额外推力。在发射后，与航天飞机的主发动机一同工作，到达约 45 千米的高度后，与航天飞机分离，前锥段里的降落伞系统启动，使其降落在大西洋上，回收重复使用（图 9-8）。

助推器的基本元件有发动机、主结构体、分离系统，飞行控制仪器、火工设备、减速系统、推力矢量控制器、回收系统等。

⊕ 图9-8　在降落伞减速下落入海中的火箭助推器

9.2.3 外储箱

航天飞机燃料外储箱（图9-9），用来储存液氢、液氧推进剂，它是航天飞机上最大的一个部件。外储箱负责为航天飞机的3台主发动机提供燃料，是航天飞机三大模块中唯一不能重复使用的部分，外储箱燃料耗尽后，便会坠入到大海中。

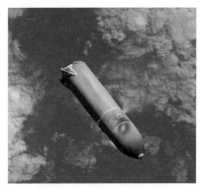

外储箱主要由前部液氧箱、后部液氢箱以及连接前后两箱的箱间段组成。液氧箱、液氢

⊕ 图9-9　从航天飞机上分离后的外储箱

箱都由铝合金制成，附有必需的支撑或稳定框架。液氧箱位于外储箱顶部，成卵形，可以降低气动阻力和气体热力学受热。液氧箱通过一根输送管，向轨道舱的三台主发动机输送液氧。

9.3　美国的航天飞机

航天飞机载人飞行计划是美国继"阿波罗"登月计划后又一大规模的载人航天活动，航天飞机的出现是美国航天技术发展的一次飞跃，实现了航天运载器由单次使用向部分重复使用的过渡，以期降低载人航天的成本。

每架航天飞机的轨道器设计可重复使用100次，每次最多可将29.5吨有效载荷送入185～1110千米近地轨道，并可将14.5吨有效载荷带回地面。轨道器每次飞行可载5～7人，在轨道上飞行7～30天。既可进入低倾角轨道，也可进入高倾角轨道；既可与空间站对接、停靠，执行人员和货物运送、空间试验等任务；又可以执行卫星发射、检修和回收等任务。

美国自1972年开始投入巨资对航天飞机进行研究，先后生产出6架航天飞机，分别是"企业"号、"哥伦比亚"号、"挑战者"号、"发现"号、"亚特兰蒂斯"号与"奋进"号（图9-10）。其中，"企业"号是试验型，用于验证方案可行性，没有发射升空；第一架正式服役的为"哥伦比亚"号，但不幸的是，它与"挑战者"号均发生爆炸，共造成14名宇航员遇难；在"亚特兰蒂斯"号于2011年圆满完成最后一次任务后，美国航天飞机全部退役，为30年的航天飞机时代画上句号。

航天飞机既有其自身优势，也有不可回避的缺陷。它的优点是可重复使用，水平降落比飞船更安全，乘坐体验比载人飞船舒适，运载能力强；它的缺点是结构复杂，费用昂贵，单次飞行成本高达5亿美元，它没有逃逸系统，实行人货混运，"挑战者"号和"哥伦比亚"号的失事证明，其安全性和可靠性要低于系统相对简单的飞船。

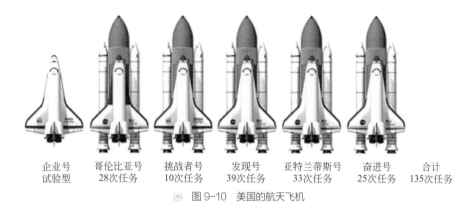

企业号	哥伦比亚号	挑战者号	发现号	亚特兰蒂斯号	奋进号	合计
试验型	28次任务	10次任务	39次任务	33次任务	25次任务	135次任务

图 9-10 美国的航天飞机

9.3.1 发展历史

9.3.1.1 试验型航天飞机

"企业"号航天飞机（图 9-11）是美国航天飞机计划中第一架原型机。"企业"号实际上是一个纯粹的测试平台，没有执行太空任务的功能，仅用于测试轨道器系统本身和轨道器在低层大气中的飞行特性。最初这架航天飞机被命名为"宪法"号，以纪念美国建国 200 周年，但后来以著名的电视连续剧《星际旅行》中的"企业"号星舰命名。

图 9-11 "企业"号航天飞机由波音 747 搭载完成一系列飞行测试

1977 年 6 月 18 日，"企业"号搭载在一架经过改装的波音 747 载机上，完成了一系列无人和载人的飞行试验。在试验中，轨道器从起飞到着陆，始终不与载机分离，对轨道器上的所有气动控制翼，如机翼上的升降副翼、机身上的襟翼和方向舵上的减速器，都做了仔细的操作检查与数据采集。

1977 年 8 月 12 日，"企业"号开始了有人驾驶的自由飞行试验。"企业"号搭载在波音 747 上起飞，与载机分离后，成功地完成了自由飞行测试，最后出色地在地面降落，验证了轨道器在低层大气中的飞行性能。

1977 年 10 月 26 日，"企业"号在爱德华空军基地的试验全部结束，由载机驮着飞往马歇尔航天中心，在那里进行了八个月的结构振动试验后，被送往肯尼迪空间中心，进行了各种返回与着陆测试，并在装配好燃料箱和助推火箭后，多次在发射状态下进行了测试。最终，这架轨道飞行器被确认只作为试验飞行器，不执行载人航天任务，以便为以后的轨道器研发开辟道路。

在完成了测试使命后，"企业"号进行了一系列遍及海外多国的展示之旅，最终美国政府将"企业"号捐给史密森尼学会作为馆藏。

9.3.1.2　载人航天飞机

（1）"哥伦比亚"号

"哥伦比亚"号（图 9-12）是美国第一架用于执行太空任务的航天飞机，以18 世纪初第一艘环绕地球航行的美国轮船的名字命名。

1981 年 4 月 12 日，经过十年的研制开发，"哥伦比亚"号终于建造成功。它第一次飞行的任务只是测试它的轨道飞行和着陆能力；在太空飞行 54 小时，环绕地球飞行 36 周之后，安全着陆。

1981 ～ 2003 年间，"哥伦比亚"号

↑ 图 9-12　"哥伦比亚"号航天飞机着陆（美国）

共进行了 28 次太空飞行任务，如搭载欧洲空间实验室进入太空进行科学实验，携带和释放多颗科学实验卫星、通信卫星和 X 射线太空望远镜，还进行了有关"星球大战"实验的军事飞行。作为美国宇航局第一架载人航天飞机，为人类开展太空探索，积累了宝贵的经验与教训。

航天飞机单次任务通常情况下可在太空飞行 5 ～ 16 天，在太空停留时间最长的是 1996 年 11 月"哥伦比亚"号执行的飞行任务，在太空连续飞行了 17.5 天。

2003 年 2 月 1 日，"哥伦比亚"号起飞 80 秒后，燃料外储箱脱落了一块 0.77千克的泡沫材料，撞上了左翼前端隔热瓦使左翼受损，但并没有引起注意，继续执行飞行任务。在重返大气层的阶段中与控制中心失去联系，不久后在德克萨斯州上空爆炸解体，机上 7 名宇航员全数罹难（图 9-13）。美国随后便开展了长达 6 年的事故调查（图 9-14）。

问天神器——航天器、火箭与导弹的奥秘

↑ 图 9-13 "哥伦比亚"号航天飞机上牺牲的
7 名宇航员（美国）

↑ 图 9-14 "哥伦比亚"号航天飞机事故
调查现场

（2）"挑战者"号

"挑战者"号是美国第二架载人航天飞机，以 18 世纪航行于大西洋与太平洋上的英国海军研究船的名字命名。在开发初期，"挑战者"号原本是高仿真的结构测试体，但在完成初期测试任务后，被改装成正式的轨道器。

1983 年 4 月 4 日，在"哥伦比亚"号成功飞行 5 次之后，"挑战者"号载着 4 名航天员进入太空，历时 5 天，成功释放第一颗追踪和数据中继卫星，并进行太空行走，模拟维修作业。

1983 ~ 1985 年间，"挑战者"号开展了高密度的飞行，完成了 9 次太空飞行任务。在第二次任务中，搭载了美国第一名女航天员，还开展了太空任务，如通过机械臂完成了部署卫星、空间实验等任务。

1986 年 1 月 28 日，"挑战者"号在进行第 10 次太空任务时，右侧固态火箭推进器上面的一个 O 形环失效，这导致一连串的连锁反应。在升空后 73 秒，爆炸解体坠毁（图 9-15），机上 7 名宇航员（图 9-16）在该次事故中全部丧生。

↑ 图 9-15 "挑战者"号航天飞机发射
后空中爆炸解体

↑ 图 9-16 "挑战者"号航天飞机上牺牲
的 7 名宇航员（美国）

这次灾难性事故导致美国的航天飞机飞行计划被冻结了长达 32 个月之久。在此期间，美国时任总统罗纳德·里根委派罗杰斯委员会对该事故进行调查。罗杰斯委员会发现，美国国家航空航天局的组织模式与决策过程中的缺陷与错误是导致这次事件的关键因素。NASA 的管理层事前已经知道承包商的固体火箭助推器存在潜在的缺陷，但未能提出改进意见，也忽视了工程师对于在低温下进行发射的危险性发出的警告，并且未能充分地将这些技术隐患报告给他们的上级。基于此罗杰斯委员会向 NASA 提出了 9 项建议，并要求 NASA 在继续航天飞机飞行计划前贯彻落实这些建议。

（3）"发现"号

"发现"号（图 9-17）是美国的第三架载人航天飞机，以 18 世纪美国探险家詹姆斯·库克的最后一次航船的名字命名。"发现"号的设计更加成熟，属于 NASA 建造的航天飞机中第二期的产品，在设计、制造、组装的过程中借鉴了来自"企业"号、"哥伦比亚"号与"挑战者"号的许多经验。

1984 年 8 月 30 日，"发现"号首飞成功，成功发射 3 枚通信卫星，开启了它长达 27 年的太空旅程。

2005 年 7 月 26 日，"发现"号发射升空执行 STS-114 任务，这是自"哥伦比亚"号解体意外发生后，首次有航天飞机执行往返太空任务。升空过程中，"发现"号的外挂燃料槽上有一块面积不小的隔热泡棉脱落，经研究后决定，太空员第一次以太空漫步方式，借助机械手对受损部位进行紧急检修（图 9-18）。最终，"发现"号在完成所有任务后安全降落，结束了长达 14 天的任务。

⊕ 图 9-17 "发现"号航天飞机
升空（美国）

⊕ 图 9-18 "发现"号航天飞机的宇航员借助
机械手开展紧急检修（美国）

1984 ～ 2011 年间，"发现"号共完成了 39 次太空飞行任务，是所有航天飞机中飞行次数最多的，执行了各种各样的太空任务：发射通信卫星、中继卫星、"尤里西斯"太阳探测器，开展空间实验、中继通信实验、微重力实验，发射并维修"哈勃"望远镜（图 9-19），与"和平"号空间站、国际空间站对接（图 9-20），为空间站运送补给物资、调换人员、维修设备等。

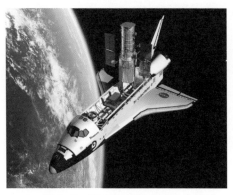

⊕ 图 9-19 "发现"号航天飞机与"哈勃"望远镜（美国）

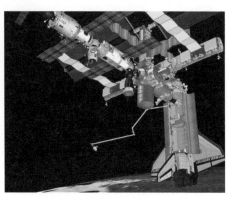

⊕ 图 9-20 航天飞机与国际空间站交会对接

（4）"亚特兰蒂斯"号

"亚特兰蒂斯"号是美国的第四架航天飞机，是以美国一艘远洋船舶的名字命名的，这艘轮船于 19 世纪在马萨诸塞州的伍兹霍尔海洋研究所被用来进行海洋研究。

1985 年 10 月 3 日，"亚特兰蒂斯"号航天飞机的首次飞行任务是美国空军的一次机密行动：把 3 颗国防通信卫星送入太空。

2011 年 7 月 8 日，"亚特兰蒂斯"号与国际空间站成功对接（图 9-21），为驻守空间站的宇航员们送去了 4 吨的补给品，包括食物、衣物、科学仪器设备等。至此，"亚特兰蒂斯"号完成了它以及整个航天飞机团队的最后一次飞行，这也意味着美国 30 年航天飞机时代宣告终结。

1985 ～ 2011 年间，"亚特兰蒂斯"号共完成了 33 次太空飞行任务，多次执行国防部的专项机密任务，发射了多颗通信卫星、中继卫星，发射

⊕ 图 9-21 "亚特兰蒂斯"号航天飞机与国际空间站对接

↑ 图9-22 从国际空间站拍摄到的"奋进"号航天飞机（美国）

了"麦哲伦"号金星探测器、"伽利略"号木星探测器，为国际空间站的建造交付了多个重要的部件，如"命运"实验舱、"哥伦布"实验舱、桁架、太阳能阵列等，还为空间站运送补给物资、调换人员、维修设备。

（5）"奋进"号

"奋进"号（图9-22）是美国的第五架载人航天飞机，以18世纪英国探险家詹姆斯·库克的第一次旅行的考察船的名字命名。"奋进"号是美国宇航局建造的最后一架航天飞机，于1991年建造，用来替代1986年在爆炸中被毁坏的"挑战者"号。

"奋进"号是以"发现"号和"亚特兰蒂斯"号的备用结构零件为基础额外组装出来，以便填补"挑战者"号意外坠毁后留下来的任务空缺。不过这并不意味着"奋进"号的表现就会逊色一截，事实上因为是最后才开始建造，"奋进"号在建造过程中汲取了"前辈"的许多教训，对多个硬件装备进行了改进，包括增大燃料箱、采用全新减速伞、升级航电系统、改良辅助动力系统等。

1992年5月7日，"奋进"号航天飞机首飞成功，成功回收1颗失控的通信卫星，节省了1.2亿美元的重新发射费用，并首次实现3名宇航员的出舱活动。

2011年5月16日，"奋进"号搭载着6名宇航员为国际空间站输送了价值20亿美元的太空实验设施，也完成了它最后一次太空任务。

1992～2011年间，"奋进"号完成了25次太空飞行任务，多次开展各类空间实验，发射多颗通信卫星、中继卫星，与"和平"号空间站交会对接，运送了补给设备与生活用品。"奋进"号还是国际空间站的建设主力，运送"团结"号节点舱、"莱昂纳多"号多功能后勤舱、"希望"号实验舱、"宁静"号实验舱、"瞭望塔"号观测舱、太阳能电池板、巨型机械臂、桁架等物资及设备。

9.3.2 使用概况

在长达 30 年时间内，美国宇航局利用航天飞机共执行了 135 次太空任务，将 136 万千克货物、600 多名宇航员送入太空，成就斐然（表 9-1），但离预期目标还有一定的距离。如"发现"号自 1984 年服役以来，共飞行 39 次，是执行任务次数最多的航天飞机，一共在太空中逗留了 365 天，总飞行里程近 2.3 亿千米，相当于往返月球 288 次。每架航天飞机的设计使用次数是至少 100 次，但美国正常退役也是仅剩的三架航天飞机"发现"号、"亚特兰蒂斯"号和"奋进"号，它们中飞行次数最多的"发现"号，其飞行次数也不到设计飞行次数的 1/2。美国航天飞机执行飞行任务最多的一年是 1985 年，飞了 9 次，但这离预期的每年飞行 30 ~ 60 次还差距很大。航天飞机的使用和维护费用也远远超出预算。

航天飞机不仅参与了国际空间站的组建，还负责补给物资、调换人员、维修设备等工作；发射、维修、维护"哈勃"太空望远镜；发射多颗通信、中继、遥感卫星，参与多颗卫星的维修、回收等工作；发射"尤里西斯"太阳探测器、"麦哲伦"号金星探测器、"伽利略"号木星探测器等空间探测器。

表 9-1　航天飞机飞行记录

序号	航天飞机名称	飞行次数 /次	太空停留总天数 / 天	载人数 /人次	备注	退役时间
1	哥伦比亚号	28	300	160	发射卫星 8 颗	2003.2.1（失事）
2	挑战者号	10	62	60	发射卫星 10 颗	1986.1.28（失事）
3	发现号	39	365	252	发射卫星 31 颗，与空间站对接 13 次	2011.3.9
4	亚特兰蒂斯号	33	307	195	与空间站对接 19 次	2011.7.21
5	奋进号	25	296	154	与空间站对接 13 次	2011.6.1

9.3.3 退役

由于高昂的费用和惨痛的事故，最终航天飞机计划被迫终止。

2011 年 3 月 9 日，"发现"号载着 6 名宇航员返回地球，完成了它的第 39 次飞行。"发现"号退役后，被送到美国国家航空航天博物馆史蒂芬中心展出。

2011 年 6 月 1 日，"奋进"号载着 6 名宇航员返回地球，完成了它的第 25 次飞行。"奋进"号退役后，被送到加利福尼亚州科技中心展出。

2011 年 7 月 21 日，"亚特兰蒂斯"号载着 4 名宇航员返回地球，完成了它的第 33 次飞行，也是整个航天飞机机队的第 135 次飞行。"亚特兰蒂斯"号退役后，被送到肯尼迪航天中心的游客中心展出。

至此，美国所有的航天飞机都正式退役，曾经创造了很多航天辉煌的航天飞机时代告一段落。

9.4 苏联的航天飞机

美国自 1972 年开始对航天飞机进行研究，最初的目的是发展一种更经济的轨道运输工具以取代宇宙飞船和运载火箭。但苏联当局则将这一新型航天器视为未来美国搭载核武器的工具，并于 1976 年决定发展类似的航天器作为对这种"威胁"的回应，也就是"暴风雪"号航天飞机计划。

"暴风雪"号（图 9-23）的设计要求是可使用 100 次以上，能够将 30 吨有效载荷送入 200 千米高、倾角 50.7°的地球轨道，标准机组成员 4 人，包括正副驾驶员和 2 名从事舱外活动和其他领域研究的宇航员。

⊕ 图 9-23 "暴风雪"号航天飞机（苏联）

苏联共进行了 140 余次飞行试验，其中包括近 70 次自动着陆试验。但遗憾的是，经过近十年的不懈努力，几乎所有的研制进度都没有达到最初的要求，在设计、制造领域都暴露出诸多问题。

1988 年 11 月 15 日，"暴风雪"号航天飞机从拜科努尔航天中心首次发射升空，47 分钟后进入距地面 250 千米的圆形轨道。它绕地球飞行两圈，在太空遨游 3 小时后，按预定计划安全返航，准确降落在离发射点 12 千米外的混凝土跑道上，完成了一次无人驾驶的试验飞行。

原计划第二架"暴风雪"号航天飞机于 1991 年首飞，于 1994 ~ 1995 年实现载人飞行。但是随着"暴风雪"计划的资金濒临耗尽，仅开发航天飞机系统本身就花费了 13 亿卢布，整个项目的开销更是超过了 200 亿卢布；苏联当局也逐渐考虑庞大的投资与发展航天飞机带来的益处之间的关系，暂时搁置了航天飞机的研发工作。苏联解体后，昔日的计划更是彻底失去了经济支持，"暴风雪"计划被迫终止。

9.5　我国的航天飞机论证

我国一直立志于发展载人航天工程，随着我国综合国力的增强，载人航天工程计划逐渐成形并最终成功实现。

但最初关于采用什么方式把中国的航天员送入太空，产生过广泛的争论，一种观点认为应该采用宇宙飞船的方式，另外一种观点则认为应采用航天飞机的方式。采用航天飞机的方式，在最初的一段时间内还占据了上风。在经过很长一段时间的争论后，1992 年我国载人航天工程正式启动，根据我国的航天基础及国际的发展趋势，提出了研制和运行以空间站为核心的载人航天系统，而天地往返系统确定为宇宙飞船，即后来的"神舟"系列宇宙飞船。当年力推宇宙飞船方案的航天专家王希季院士回想道："如果中国当时研制航天飞机，那么现在载人计划恐怕早就下马了。"

后来，我国载人航天的巨大成功以及航天飞机的最终退役，更好地印证了王院士说所的话。

 亮点小知识：太空眼科手术

"哈勃"太空望远镜是在地球轨道上运行的太空望远镜，它于 1990 年 4 月 24 日在美国肯尼迪航天中心由"发现"号航天飞机携带、成功发射。然而发射升空的数星期后，研究人员发现从"哈勃"太空望远镜传回来的图片有严重的问题，获得的最佳图像品质也远低于当初的期望，通过分析查明问题来源于主镜的形状被打磨错了。

1993 年，"奋进"号航天飞机执行了对"哈勃"太空望远镜的第一次维修任务。

1997 年，"发现"号航天飞机又对"哈勃"执行了第二次维修任务。

1999 年，"发现"号航天飞机对"哈勃"进行了第三次维修。

2002 年，第四次维护任务由"哥伦比亚"号航天飞机执行。

2009 年，"亚特兰蒂斯"号航天飞机上的 7 名宇航员通过 5 次太空行走对"哈勃"太空望远镜进行了最后一次维护（图 9-24），使"哈勃"的性能达到原来的设计水平，并在多方面进行了升级。

截至 2018 年，"哈勃"太空望远镜仍在工作。

↥ 图 9-24　航天员正在修护"哈勃"太空望远镜（美国）

第 10 章
航天发射场

航天发射场是用于发射航天运载器的特定区域，是航天系统的重要组成部分，卫星、飞船、空间探测器等航天器在这里搭乘航天运载器进入太空。本章主要介绍航天发射场的基本情况、世界著名的航天发射场，并简要介绍导弹试验靶场等。

10.1 航天发射场简介

航天发射场是用于发射航天运载器的特定区域，航天器在这里搭乘航天运载器进入太空。航天发射场配备有装配、储存、检测航天器与航天运载器的整套设施和设备，能够测试飞行轨道、发送控制指令、接收和处理遥测信息，可以完成航天器、航天运载器、有效载荷甚至是航天员系统的测试、组装和发射的全部工作，是航天系统的重要组成部分。

10.1.1 航天发射场的区域与功能

一般来讲，航天发射场（图 10-1）主要由技术区（也称测试区）、发射区、指挥控制中心和综合测量设施组成。下面对其进行简要介绍。

① 技术区：它是航天发射场内进行航天器和航天运载器（现在普遍采用运载

火箭）准备的专用区域，也称技术阵地或测试区。

② 发射区：它是航天发射场内具有发射航天器及运载火箭的设施与功能的专用区域，也称为发射阵地。

一个航天发射场中可以有一个或几个发射区，一个发射区内又可以建造一个或多个发射工位，每一个发射工位都是用于航天器和运载火箭发射前测试准备和实施发射的场地。

目前，随着航天技术的进步，同时也为了节约发射费用并缩短发射准备时间，把测试区与发射区合二为一已经成为一种发展趋势。

③ 指挥控制中心：对航天器发射试验实施指挥、监控和管理的机构，又称发射控制中心，由发射控制室、指挥控制室、安全控制室、计算中心和设备保障室组成。

④ 场区测控系统：场区测控系统是整个航天测控系统的重要组成部分，但其又有特殊性和独立性。

场区测控系统除了承担对运载火箭起飞和飞行初始阶段的跟踪测量外，更重要的是为确保场区安全提供安全控制信息。场区测控站的布局应考虑到不同发射方向和各个发射区的跟踪、测控要求，尽量使测控设备得到充分的利用。

场区测控系统的主要设备有各种光学测量设备、雷达和无线电测量设备、遥测设备、电子计算机、时间统一系统、通信设备和显示设备等。

⑤ 技术保障系统：技术保障系统为发射场发射前技术准备和发射后处理提供各种技术服务，包括检修、计量、大地测量、气象、数据处理等技术设施和部门，以及为运载火箭及有效载荷出现故障时提供临时检修、更改和加工、装配、测试和实验的设施。

⑥ 后勤保障系统：后勤保障系统包括供水、供电、通信、机场、铁路、公路、物资和生活用品供应的集散区以及工作人员的居住区等。

航天发射场通常意义上是指发射区所属区域，但由于发射过程中需要在多处进行测控，又涉及指挥协同等，实际运行的航天发射场，其范畴已经不仅仅限于发射区所在区域，还涵盖航天发射所需要的综合测量设施，这些设施包括监测运载火箭和航天器各系统工作状况的多功能综合设施，如计算中心、航区测控站和测量船。

测控站、测量船布设在运载火箭和航天器飞行航区的沿线，装备有测量设备、时间统一勤务设备、通信和电视设备、信息处理设备和遥控设备以及相应的辅助设备。测量设备包括无线电遥测接收设备、无线电弹道测量设备、光学（激光、红外）测量设备等。测量站对获得的运载火箭和航天器弹道参数、遥测信息、电视图像进行处理、显示和记录，同时传送给计算机中心和发射指挥控制中心处理、显示、判断，然后发送到指挥控制中心。

航天发射场是个庞大复杂的系统工程，各测量点、站相距从十几千米、几十千米到数百千米不等，整个航天发射网的测量点更是有的在陆地上、有的在海上，与测控中心相距几千千米甚至上万千米，它们各自对同一个目标进行测量。要把这些测量结果联系到一起，需要统一的时间。如果各自时间不同步那么各自的测量结果就无法算出一条准确的轨道。为保证时间的统一，就需要一套时间统一系统，使分布在各地的测量站点有一个统一的时间。

此外，航天发射场还需要有配套的气象保障工作，历史上"阿波罗"12号就曾经因为气象保障工作不到位而在发射中遭遇雷击，险些造成"船"毁人亡的灾难。

10.1.2 航天发射场的选址

航天发射场是航天发射的必要条件，而发射场所在的地理位置对发射的成败影响极大，因此发射场地理位置的选择十分重要，发射场选址通常需要考虑以下几个方面的因素：

（1）地理位置

指发射场所处的经纬度，其中纬度尤为重要，因为航天器运行轨道与纬度有着密切的关系，同时纬度还影响航天器所受重力。

（2）自然条件

指发射场所处的地理环境、地质条件、地形地貌及气候条件等。

（3）射向航区安全

由于运载火箭在飞行过程中为了获得最佳的加速性能，需要将完成任务的部件抛弃，这些部件从高空落至地面时，会对地面造成强烈的破坏。因此发射场要求在允许运载火箭发射的方向范围内，火箭飞过的区域必须是人烟稀少，没有密集建筑的"安全区"。这也是许多发射场建在沙漠、沿海、岛屿的重要原因之一。

（4）便于运输

由于火箭发射是一项巨大的系统工程，发射前需要运送大量的物资到发射场，因此发射场应尽可能选在便于运输这些物资的地点。

（5）测控站设置

由于运载火箭发射后需要在入轨前及入轨后对其进行测量与控制，因此考虑发射场的位置时还需要考虑如何设置测控站。

（6）安全环保

航天器发射时推进剂会对环境有污染，产生的噪声会造成噪声污染，如果发生事故还会对周围有大的危害。所以发射场的选择应尽可能确保人员安全，远离人口密集区和重要的工业基地。

10.1.3　载人航天发射场

有一些航天发射场因为载人航天的需要，在建设和使用中要考虑航天员的特殊需求。具备载人航天发射功能的航天发射场，除了具有一般航天发射场的功能，还必须有自身的特点，它最大的特点就是载人。为此需要设立航天员区，配备有航天员生活、训练的保障设施。确保航天员在飞天前的身心健康和准备工作的顺利实施，确保航天员的生命安全。

10.2　世界著名航天发射场

苏联/俄罗斯、美国、欧洲、中国等航天大国/联合体，都建有成熟的航天发射场（图 10-2）。这里简要介绍一下世界著名的航天发射场。

10.2.1　苏联/俄罗斯

目前，俄罗斯共有 4 个航天发射场，其中拜科努尔航天发射场和普列谢茨克航天发射场可以用于载人航天发射。

（1）拜科努尔发射场

拜科努尔发射场（图 10-3）是世界上最为著名的航天发射中心之一。建于1955 年，有 90 多套发射设施，是苏联规模最大的导弹试验和航天器发射基地，进行过液体战略导弹、大型运载火箭、反导、反卫星等多种发射试验，发射过各种卫星、载人和不载人飞船、各种星际探测器和空间站等。苏联解体后，该发射场归

• 已投入使用　　○ 计划中/即将使用　　▲ 海上发射场及发射平台

图 10-2　世界航天发射场分布图

图 10-3　拜科努尔航天发射场一角（俄罗斯、哈萨克斯坦）

俄罗斯，但地点位于哈萨克斯坦。

　　从这里发射的航天器包括世界上第一颗人造卫星，射向火星、金星和月球的探测器，以及后来的"东方"号、"上升"号、"联盟"号载人飞船，"礼炮"号空间站及"暴风雪"号航天飞机。

　　（2）普列谢茨克发射场

　　普列谢茨克发射场建于 1957 年，用来发射侦察、通信、导航、气象、海洋监视等卫星，还曾发射过"东方"号、"联盟"号等载人飞船。发射场建有 30 多套发射设施，是重要的军用卫星发射基地，也是世界上发射卫星最多、最繁忙的一个基地，发射最为活跃的时候大约每周发射一颗卫星。

10.2.2　美国

　　美国是世界上航天发射活动最多的国家，其航天发射场共有 6 个，其中卡纳

↑ 图 10-4 卡纳维拉尔角航天发射场的一角（美国）

维拉尔角发射场和范登堡空军基地发射场用于载人发射。

（1）卡纳维拉尔角发射场

卡纳维拉尔角发射场（图10-4）位于大西洋西岸，且离赤道很近，是绝佳的航天发射地点，也是美国重要的导弹靶场之一。该发射场的民用部分称为肯尼迪航天中心。发射场建于 1949 年 5 月，在这里曾发射了美国第一颗人造地球卫星，此后又发射了"水星"载人飞船、"双子星座"载人飞船、"阿波罗"登月飞船、空间站及航天飞机，是美国最重要、规模最大的国家发射中心和国防部重点发展中心之一。这里先后建立了 60 多套发射设施，目前有十几套还在使用。

（2）范登堡空军基地发射场

范登堡空军基地发射场位于太平洋东岸，且离赤道很近，于 1964 年 5 月成立，为美国重要的导弹靶场之一。共建成发射台和地下井 50 多套，目前使用的有 20 多套，1984 年将 6 号发射场改建成航天飞机发射场。该靶场主要进行战略导弹实用性试验和武器作战试验，以及发射各种军用和极轨道卫星等。与卡纳维拉尔角发射场相得益彰。

10.2.3 欧洲

法属圭亚那发射场（图 10-5）建于 1966 年，是法国和西欧各国的重要航天发射场，欧洲航天局在这里建造了三个运载火箭发射场。著名的"阿丽亚娜"系列火箭就在这里发射。圭亚那发射场位于南美洲北部大西洋海岸，靠近赤道，是个理想的赤道轨道和极轨道发射的场区。

10.2.4 中国

迄今为止，中国共建立了 4 个航天发射基地，分别是酒泉卫星发射中心、太原卫星发射中心、西昌卫星发射中心和海南航天发射场。

（1）酒泉卫星发射中心

酒泉卫星发射中心（图 10-6）又称"东风航天城"，位于内蒙古阿拉善盟额济纳旗境内，海拔 1000 米，常年干燥少雨，日照时间长，每年约有 300 天可进

⊕ 图10-5 圭亚那航天发射场（欧洲、南美）

⊕ 图10-6 酒泉卫星发射中心（中国）

行发射试验。是中国创建最早、规模最大的综合型发射中心，也是中国唯一的载人航天发射场，成功地实现了多次载人航天发射任务，杨利伟等航天员就是从这里顺利进入太空。

（2）太原卫星发射中心

太原卫星发射中心（图10-7）位于山西省太原市西北的高原地区，地处温带，海拔1500米左右，是中国试验卫星、应用卫星和运载火箭发射试验基地之一。

⊕ 图10-7 太原卫星发射中心（中国）

（3）西昌卫星发射中心

西昌卫星发射中心（图10-8）总部设在四川省西昌市，卫星发射场位于大凉山峡谷腹地。该地区属亚热带气候，全年地面风力柔和适度，每年10月至次年5月是最佳发射季节。由于纬度低，该中心主要承担地球同步轨道卫星的发射任务，包括通信、广播、气象卫星等试验发射和应用发射。

⊕ 图10-8 西昌卫星发射中心（中国）

（4）海南航天发射场

⊕ 图10-9 海南航天发射场（中国）

海南航天发射场（图10-9）又称文昌航天发射中心、文昌卫星发射中心，位于海南省文昌市附近，于2009年9月14日正式开工建设。由于此地纬度较低，发射卫星时可以尽可能利用地球自转的离心力，因此能耗较低。同时，火箭可以通过水路运输，大小不受铁轨的限制。我国新研制的"长征"五号系列重型运载火箭就选择从这里发射。

10.3　导弹试验靶场

导弹试验靶场是用于导弹和火箭发射试验的专门场区，用于完成导弹的装配、测试、发射及跟踪测量等。

20 世纪 30 年代末，德国在波罗的海沿岸岛屿建成世界上第一个导弹试验靶场（佩内明德）。1945～1946 年美国和苏联分别建成了白沙靶场和卡普斯金亚尔靶场。20 世纪 50 年代到 70 年代末，世界各国已相继扩建和新建近百个设备完善的导弹（火箭）试验靶场。

导弹试验靶场与航天发射场有类似的地方，但也有一些区别。以地地导弹为例，其飞行试验中几个特定区域包括发射区、航区和弹着区（图 10-10）。

① 发射区：指导弹发射阵地及其附近区域。

② 航区：指导弹飞行经过的地区，一般是避开人口稠密区、工业重要设施和经济开发区，并且远离国界线。

③ 弹着区：是导弹在正常飞行条件下，以一定概率命中的区域。

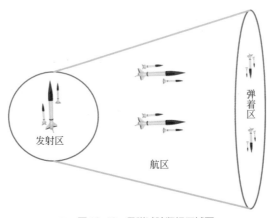

⊙ 图 10-10　导弹试验靶场区域图

导弹试验靶场按导弹类型和任务分为弹道导弹试验靶场，地空、空空、空地导弹试验靶场，反弹道导弹试验靶场，反坦克导弹试验靶场和综合试验靶场；按使用目的分为科研试验靶场和发射训练靶场；按使用时间长短分为永久性试验靶场和临时性试验靶场；按配置位置分为陆上试验靶场和海上试验靶场。

实战中的导弹发射，可以根据需要采用陆基发射（图 10-11）、海基发射（图 10-12）、空基发射（图 10-13）、天基发射（图 10-14）的方式进行。陆基发射是最主要的发射方法，可以从地下发射井发射，也可以通过车载进行公路机动、越野机动和铁路机动的方式发射。

⊕ 图 10-11　陆基发射

⊕ 图 10-12　海基发射

⊕ 图 10-13　空基发射

⊕ 图 10-14　天基发射示意图

10.4　海、空、天基航天发射

　　航天发射场最理想的选址是低纬度、靠海洋的地方，并能向东发射以利用地球的自转速度。但对许多不靠海和远离赤道的国家来说，就很难满足这一点。利用海上、空中机动发射，能够满足近赤道、向东发射的要求。如何利用现有的航空、航天、航海的技术和设施进行发射，是今后航天发射的一个发展方向。

10.4.1　海基发射

　　海基发射是航天发射的重要发展方向。海洋十分辽阔，其面积占地球表面积的70%；海上运输方便，火箭尺寸不受限制；海上避开人口密集区，安全问题成为次要因素；海上射向也不受限制，还可以选择最佳的赤道区域，以获得地球的最大自转速度。这种发射方式节省了建设发射场的费用，运载火箭用船整体运往发射点，发射准备时间短，发射船只远离发射点，安全性好，还可以在江河湖泊里发射，是一种价格低廉、灵活机动的发射方式。

海基发射有三种发射方案，前两种是从水面进行发射，最后一种是从水下进行发射。

（1）平台发射

平台发射即利用半潜式的石油钻井平台改装成运载火箭发射平台进行发射（图 10-15）。发射平台本身可具备自推进能力，或者由拖轮拖动，在公海上航行，灵活选择发射点。

⊕ 图 10-15 平台发射

平台抵达发射点后，自动降下腿柱，将平台固定。火箭和卫星在专门设计的保障船上进行组装和测试，由保障船将他们运往平台。在发射平台上进行火箭的吊装、起竖、加注等最后的发射准备。火箭发射时，人员撤离到 2～3 千米外的保障船上，通过遥控实施发射。

（2）船载发射

船载发射即利用舰船作为发射平台从水面上进行发射（图 10-16）。

对运载火箭发射船来说，发射区一般在甲板上，船体需能够远涉重洋并经受住大风浪袭击。发射船航行和锚泊作业时，保持精确的定位很重要，为此船上应备有天文及卫星导航系统。为消除潮流、风向等因素影响，并能灵活地避让、纠偏、机动和转向，船上还应有侧推器。

⊕ 图 10-16 船载发射

（3）潜艇发射

这种发射方式利用潜艇发射系统在水下实施发射（图 10-17），适合导弹的发射，具有隐蔽、机动、生产力高等优势。

10.4.2　空基发射

空基发射的主要设施是挂载火箭的飞机和起飞跑道，不需要发射台等种种地面发射设施。由于从高空飞行的飞机上发射，飞机已赋予火箭一定的势能和动能，能起到一级助推火箭的作用。而且火箭起飞后受到的空气阻力比地面发射的时候小，火箭发动机的推进效率比地面发射时高，大大提高了火箭的运载能力。另外空中发射的发射点和发射方向可以根据所发射航天器的轨道选择，不需要在发射后再进行变轨，可以省去或减少航天器的变轨发动机和为变轨携带的推进剂以及相应的设备。实践证明，空中发射的有效载荷质量几乎是同类火箭从地面发射的两倍。

美国由 B-52 重型轰炸机携带的"飞马座"运载火箭（图 10-18），是世界上第一种空中发射的商业运载火箭。发射前，"飞马座"火箭被固定在飞机腹部，当

⊕　图 10-18　美国 B-52 战略轰炸机（上）发射"飞马座"火箭（下）

飞机到达 12000 米高度的预定发射空域后，把火箭从机体上释放。火箭首先在无动力的状态下进行 5 秒的自由落体飞行，获得与飞机足够安全的距离。之后，火箭一级发动机点火。在一级发动机工作的过程中，火箭的姿态由火箭的尾翼控制，火箭前部的主翼可以增加火箭所受到的升力，此时的火箭有些像一架在空中飞行的小飞机。在一级火箭工作完毕后，翼面随一级火箭一同脱离，之后的飞行姿态由二级、三级火箭上的矢量喷管控制。

10.4.3　天基发射

天基发射是指从在轨搭载平台发射导弹，用于打击敌方地面、地下、海面、在轨战略目标及天外有害目标。图 10-19 是一种天基发射武器的想象图。

⊕　图 10-19　天基发射的想象图

 亮点小知识： "东风航天城"

　　酒泉卫星发射中心又称"东风航天城"（图 10-20），该名称的由来颇有军工单位的特色。20 世纪 60 年代时，发射基地与北京三个总部的有线电话长途通信的秘密代号为"东风"，所以基地一直沿用"东风基地"这一名称。1992 年 8 月 11 日，江泽民总书记在视察基地时欣然题写了"东风航天城"，从此人们就正式把这里叫"东风航天城"。

"东方航天城"自1958年创建以来，为中国航天事业的发展创造了多个骄人的第一：1970年4月24日，中国第一颗人造地球卫星在这里升起；1980年5月18日，中国第一枚远程弹道导弹在这里飞向太平洋预定领空；2003年10月15日，中国第一艘载人飞船"神舟"五号从这里成功发射……

⊕　图 10-20　"东风航天城"（中国）

参考文献

[1] 贾玉红. 航空航天概论. 北京：北京航空航天大学出版社，2017.

[2] 石磊. 天河行舟：载人航天器的今生来世. 北京：北京航空航天大学出版社，2016.

[3] 王宏亮. 宇宙拓荒：航天大发现时代的英雄史诗. 北京：北京航空航天大学出版社，2016.

[4] 赵少奎. 导弹与航天技术导论. 北京：中国宇航出版社，2008.

[5] 贾乃华. 航天科技（1）. 重庆：重庆出版社，1999.

[6] 万志强. 航空模型：万博士的航空讲堂. 北京：航空知识编辑部，2013.

[7] 宋笔锋. 航空航天技术概论. 北京：国防工业出版社，2006.

[8] 金永德等. 导弹与航天技术概论. 哈尔滨：哈尔滨工业大学出版社，2002.

[9] 褚桂柏. 航天技术概论. 北京：中国宇航出版社，2002.

[10] 杨炳渊. 航天技术导论. 北京：中国宇航出版社，2009.

[11] 刘家騑，李晓敏，郭桂萍. 航天技术概论. 北京：北京航空航天大学出版社，2014.

[12] 郑晓虹，余英. 航天概论. 北京：人民邮电出版社，2013.

[13] 刘登锐. 百年航天. 北京：化学工业出版社，2015.

[14] 龚钴尔. 航天简史. 天津：天津科学技术出版社，2012.

[15] 李彬. 航天科技知识. 北京：科学普及出版社，2010.

[16] 《人类与太空》编辑委员会. 人类与太空：航天知识. 北京：长虹出版公司，1999.

[17] 金邦领，金荣励. 航天. 北京：科学出版社，2014.

[18] 胡其正，杨芳. 宇航概论. 北京：中国科学技术出版社，2010.